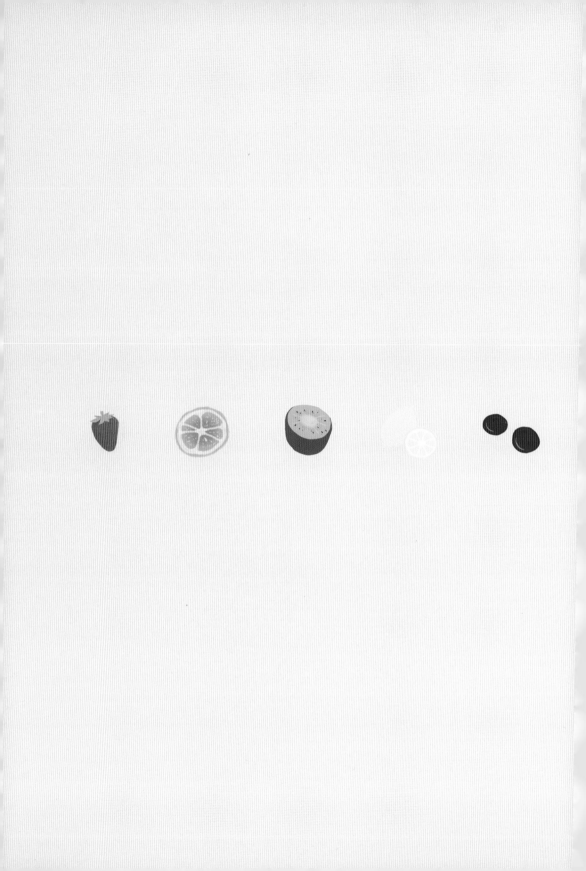

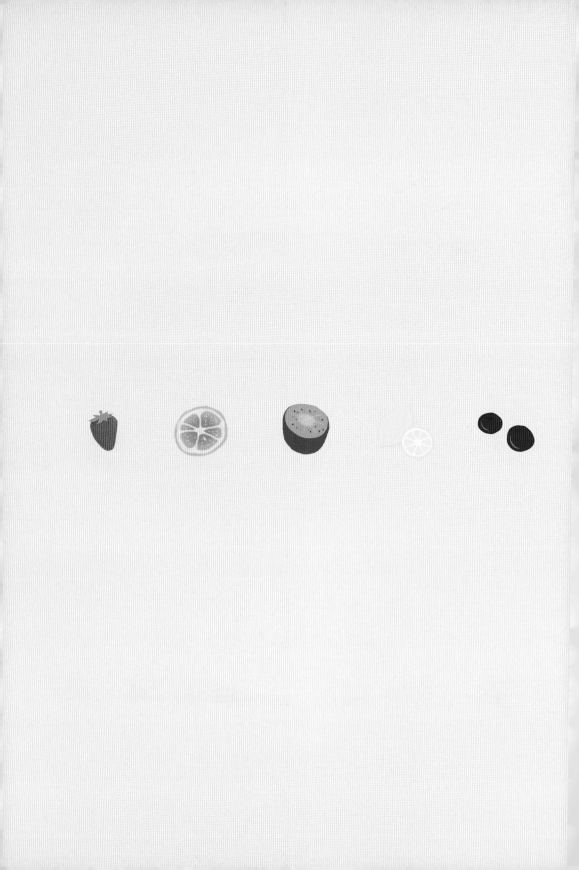

作者 吳佩蓉Grace

職人級多層次
夾心水果蛋糕

フルーツケーキ。

6種蛋糕體。
多種果醬夾餡。

香緹鮮奶油。
各式當季鮮果。

作者 ——— 序

因獲得眾多讀者熱烈的反應，延續上一本魔法水果塔，本書同樣使用大量繽紛水果與天然手作職人級風味的概念，介紹如何製作出美味的蛋糕體、水果風味餡料、各式裝飾霜餡與水果。

例如輕盈鬆軟、含水量較高的戚風蛋糕類，很適合添加水果醬，製作出美味的水果戚風蛋糕，或是加入水果風味鮮奶油香緹與水果裝飾；細緻綿密的海綿蛋糕類，則適合搭配新鮮水果、水果風味醬作為夾心，同時也適合用各種霜餡（鮮奶油、奶油霜、甘納許及義式蛋白霜等）來裝飾的萬用型蛋糕。

另外，使用全蛋海綿的作法、添加高比例奶油的重奶油蛋糕，具有更加綿密細緻的口感，濃郁的蛋奶香，適合濃郁水果醬與風味奶油霜做為夾心與裝飾。書中還特別介紹多款不需烤箱即可完成的千層可麗餅蛋糕、生乳酪蛋糕與慕斯蛋糕提供給讀者更多的選擇。

希望透過清楚的步驟、圖示與編輯團隊用心的插畫，讓讀者輕鬆掌握書中的精隨，作出讓家人與朋友 WOW 級的幸福美麗的層次蛋糕！

感謝主編素維與責編姍姍支持這本書的想法，讓我完成了美麗的 45 種多層次蛋糕，衷心感謝支持我夢想的家人，提攜指導的前輩先進，還有一路鼓勵支持我的好友與同學們，讓我繼續朝美麗的點心之路快樂前進～！

Grace

目錄 CONTENT

Part3 香甜清爽多層次 | 可麗餅千層、乳酪蛋糕與慕斯蛋糕

烘焙器具

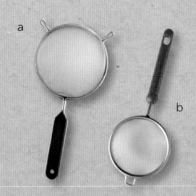

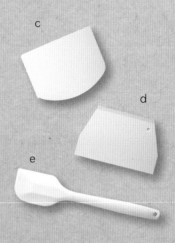

篩型工具

a 篩網

可過濾乾性材料,如麵粉等各種粉類,或濕性材料,如果泥或安格列斯醬等,有不同的粗細規格,請依不同用途,選購合適的網篩。

b 茶濾網篩

網目較篩網細緻,適合過篩量小的粉類,如防潮糖粉、防潮可可粉等,也可過篩少量的醬料,如抹茶醬。

f 矽膠刷

用來沾取酒糖液或鏡面果膠,具有清洗方便等優點。

刮刀與刮板

c 軟質刮板

材質柔軟,平的一面用來抹平麵糊,圓弧面則可方便拌勻麵糊。

d 硬質刮板

質地較硬,適合切麵團,或抹平大面積麵糊,也可用來刮平鮮奶油抹面。

e 耐熱橡皮刮刀

除用來翻拌麵糊等食材之外,因為是以耐熱材料製成,所以能用於加熱過程中,如煮果醬、焦糖醬及安格列斯醬等。有各種尺寸規格與耐熱度,本書主要使用 25 公分一體成形,最高耐熱度 200℃的橡皮刮刀。

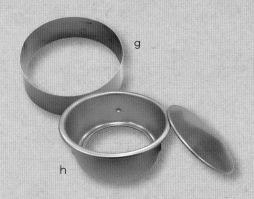

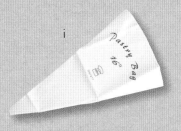

i 擠花袋

可清洗、重複使用的擠花袋，用來填裝打發鮮奶油或是餡料，以方便裝飾蛋糕。

各式蛋糕模

g 中空慕斯框

直徑 15 公分高 4.5 公分，可用來製作乳酪或慕斯蛋糕。

h 6 吋活動底蛋糕模

可用來製作戚風蛋糕、海綿蛋糕及奶油蛋糕。

j 挖球器

可用來挖取圓型或半圓型蔬果球，如哈密瓜等。

各式刀具

k 鋸齒刀 可俐落切割蛋糕片或麵包。

l 抹刀 有 L 型與直型兩種，本書主要是使用直型抹刀，用來塗抹鮮奶油或奶油霜，也可輔助移動蛋糕。

m 脫模刀 輔助蛋糕脫模。

各式擠花嘴

擠花嘴與擠花袋搭配使用，可裝填內餡或製作擠花裝飾等，根據花嘴的形狀，可做出不同的擠花造型。

上排（由右到左）

聖歐納黑花嘴（Saint-Honoré）

原本用於法國傳統點心聖歐娜黑泡芙塔的奶油擠花而得名，由於花嘴側邊開口呈 V 型或三角形，所以又稱為 V 型花嘴或三角形花嘴。

齒數不同的星型花嘴

常見有 5 齒～多齒，5～6 齒花嘴擠出來的造型如星星，8 齒以上的擠花像菊花瓣，所以又稱為菊形花嘴，可作出貝殼、螺旋及玫瑰花等擠花造型，本書主要使用的是 12 齒星形花嘴，上口直徑約 1～1.5 公分。

下排（由右到左）

直徑不同的圓形平口花嘴

可作水滴、圓球形及圓條等擠花造型，本書使用的是直徑 1～1.5 公分的平口花嘴。

玫瑰花嘴

可用來擠玫瑰花、波浪或是線條等擠花造型，本書主要是作線條裝飾。

烘焙材料

總統牌無鹽奶油條（500 克）

總統牌動物性鮮奶油（1 公升）紐麥福奶油乳酪（1.36 公斤） 葛巴倪瑪斯卡邦乳酪（500 克）

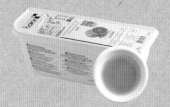

冷凍粉紅葡萄柚果泥（1 公斤）　　冷凍哈密瓜果泥（1 公斤）　　冷凍無糖百香果果泥（1 公斤）

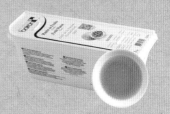

冷凍覆盆子果泥（1 公斤）　　防潮 100% 可可粉（1 公斤）　　醇品迦納牛奶調溫巧克力 40.5%（1 公斤）

醇品聖多明尼克 70% 苦甜調溫純巧克力（1 公斤）

要去哪裡買呢？

上述材料皆可在「聯馥食品官網」找到！

www.gourmetspartner.com/index/

果 粒 醬 、 糖 漬 水 果

本書介紹的蛋糕果粒醬、糖漬水果等共12款，用途廣泛，可作為夾心或添加在蛋糕麵糊、鮮奶油香緹或奶油霜餡裡增添風味。

製作完成的果粒醬和糖漬水果，待完全冷卻後，放入乾淨保鮮盒，果醬表面貼覆一層保鮮膜，用以隔絕空氣，再蓋上蓋子，放入冷藏約可保存 7 ～ 10 天，冷凍約 2 ～ 3 週。

藍莓果粒醬

材料

藍莓（新鮮或冷凍）......120 克
黑莓 ....30 克
細砂糖 ....50 克
檸檬汁 ....10 克
香橙酒 ....5 克

作法

1　水果、細砂糖、檸檬汁，使用調理機打碎（或用叉子壓碎），放入煮鍋，靜置 20 分鐘，開火。

2　待煮滾後，改中小火，煮至光澤有黏性，關火，加入香橙酒調味。

3　煮鍋上方蓋上一層耐熱保鮮膜，燜 20 分鐘，將保鮮膜取下。

4　待充分冷卻，放入保鮮盒冷藏保存。

香橙百香果粒醬

材料

百香果泥 ....140 克
糖漬香橙（作法詳 P17）60 克
細砂糖 ....60 ～ 70 克
檸檬汁 .... 10 克
香橙酒 ....5 克

作法

1　百香果去籽，以篩網過濾成果泥；糖漬香橙切碎。

2　百香果果泥、糖漬香橙碎、細砂糖及檸檬汁，放入煮鍋，開火。

3　煮滾，續煮 2 ～ 3 分鐘，關火，加香橙酒調味。

4　煮鍋上方蓋上一層耐熱保鮮膜，燜 20 分鐘，將保鮮膜取下。

5　待充分冷卻，放入保鮮盒冷藏保存。

覆盆子果粒醬

材料

覆盆子 ....150 克

細砂糖 ....60 克

檸檬汁 ....10 克

覆盆子酒（或草莓酒）........5 克

作法

同藍莓果粒醬的煮法，因覆盆子水分
較多，所以熬煮時間較久，熬煮的最
終溫度約為 102 ～ 104℃。

草莓紅醋栗果粒醬

材料

草莓 ....130 克

紅醋栗 ....20 克

細砂糖 ....60 克

檸檬汁 ....10 克

草莓酒（或覆盆子酒）........5 克

作法

同覆盆子果粒醬。

櫻桃果粒醬

材料

新鮮櫻桃 ....150 克

細砂糖 ....50 克

檸檬汁 ....10 克

玉米粉水

　　玉米粉 ....4 克

　　水 ....8 克

櫻桃酒 ....5 克

作法

1　櫻桃去籽。

2　櫻桃、細砂糖、檸檬汁，放入煮
　　鍋，靜置 20 分鐘，開火。

3　煮滾，續煮 2 ～ 3 分鐘，將櫻桃
　　過濾。

4　將過濾剩下的櫻桃糖液，加玉米
　　粉水勾芡，煮到濃稠收汁。

5　續加櫻桃稍回煮，關火，加櫻桃
　　酒調味。

6　待充分冷卻，放入保鮮盒冷藏保
　　存。

葡萄柚果粒醬

材料

葡萄柚果肉200克..（中型2個）
細砂糖 ....60～70克
檸檬汁 ....10～15克
蜂蜜 5克
香橙酒 5克

作法

作法參考藍莓果粒醬。

蜜桃果粒醬

材料

新鮮甜桃（或硬質水蜜桃）........
....150克
細砂糖 50克
檸檬汁 10克
玉米粉水
　　玉米粉 5克
　　水 10克
香橙酒 5克

作法

將甜桃（或硬質水蜜桃）切成
1～1.5公分小丁，其他同櫻桃
果粒醬的作法。

糖漬青蘋果丁

材料

青蘋果 180克
細砂糖 35克
檸檬汁 10克
白蘭地 5克

作法

1　將青蘋果去皮，切1.5公分
　方丁，加入細砂糖、檸檬
　汁，靜置20分鐘，開火。

2　煮滾後，關火，加白蘭地
　調味。

3　煮鍋上方蓋上一層耐熱保
　鮮膜，燜20分鐘，將保鮮
　膜取下，過濾多餘水分。

4　待充分冷卻，放入保鮮盒
　冷藏保存。

糖漬香橙片

材料

香橙切片 ....200 克
細砂糖 ....120 克
水 ....150 克
香橙酒 ....5 克

作法

1　將香橙切薄片，厚度約 0.5 ～ 0.8 公分（a）。

2　煮鍋加入蓋過香橙片的水量（配方外）（b）

3　煮滾後放入香橙片，續煮 5 分鐘（c）

4　用篩網將水濾掉。

5　加入配方中的細砂糖與水，以中小火煮至香橙片出現光澤與透明（d）。

6　熄火，加入香橙酒調味。

7　待充分冷卻，放入保鮮盒冷藏保存，隔一天使用風味更佳。

糖漬檸檬片

材料

黃檸檬切片 ....200 克
細砂糖 ....120 克
水 ....150 克
香澄酒 ....8 克

作法

1　將黃檸檬切薄片，厚度約 0.5 公分。

2　其餘作法同糖漬香橙片。

紅酒無花果

材料

半乾無花果乾 ....120 克
紅酒 ....100 克
細砂糖 ....30 克
肉桂棒 .... 半根
檸檬汁 ....10 克
香橙酒 ....10 克

作法

1　準備一鍋煮沸的熱水,將無
　　花果乾汆燙 1 分鐘,瀝乾多
　　餘水分,切半備用。

2　紅酒、細砂糖、肉桂棒及無
　　花果乾放入煮鍋,熬煮至糖
　　漿濃稠,果乾表面出現光
　　澤。

3　加檸檬汁,續煮 1 分鐘,關
　　火,加入香橙酒提味。

4　待充分冷卻,放入保鮮盒冷
　　藏保存,隔一天使用風味更
　　佳。

焦糖牛奶糖醬

材料

細砂糖 ....100 克
動物性鮮奶油 ....150 克
海鹽 .... 適量

作法

1　細砂糖放入煮鍋,以中大
　　火煮至 2/3 以上融化並呈焦
　　色,以耐熱橡皮刮刀拌至砂
　　糖完全融化

2　在作法 1 熬煮的同時,將動
　　物性鮮奶油加熱至 60℃～
　　80℃左右,關火備用。

3　待作法 1 整體呈現均勻焦
　　色,表面開始產生深色細
　　泡,關火。

4　先倒入 1/3 作法 2 的鮮奶油,
　　待高溫蒸氣散開後,再以橡
　　皮刮刀拌勻。

5　續開火,改中小火,將剩餘
　　鮮奶油分數次加入拌勻,最
　　後以海鹽調味,關火。

6　待充分冷卻,放入保鮮盒冷
　　藏保存。

基礎卡士達醬、酒糖液

蛋糕用酒糖液

材料

細砂糖 ....20 克
水 ....20 克
酒 ....10 克

作法

1 將細砂糖及水放入煮鍋中煮滾，降溫至 70℃，加入酒，待完全冷卻後使用。

2 根據蛋糕風味的需求，可使用各類的水果酒、蘭姆酒、白蘭地或抹茶酒等。

★ 酒糖液可冷藏保存約 1～2 週。

★ 戚風蛋糕因蛋糕體柔軟且濕潤，因此不需要額外使用酒糖液。

★ 海綿蛋糕與奶油蛋糕，因配方中水分含量較低，質地細緻，適合抹上酒糖液，吸附酒糖液後的蛋糕體其化口性更佳，同時風味更上層樓。

基礎卡士達醬

作法

1 香草豆莢以小刀劃開豆莢上方表皮，以刀子側面取出豆莢籽與細砂糖混合為香草糖。

2 續加入蛋黃、玉米粉以打蛋器拌勻。

3 牛奶煮到沸騰，分次沖入作法 2 拌勻，再倒回煮鍋續煮。

4 改中火，用打蛋器快速攪拌，待卡士達醬開始冒泡沸騰，轉中小火續煮 2～3 分鐘。

5 煮至卡士達醬再度變光滑，同時能滑順地滴落下來。（a）

6 倒入乾淨鋼盆，用打蛋器攪拌降溫至手感溫度。

7 用保鮮膜貼覆表面，放入冷藏，賞味期限約 3～4 天。（b）

8 使用前用橡皮刮刀或打蛋器，拌至光滑後使用。

材料

牛奶 ....200 克
蛋黃 ....50 克
細砂糖 ....30 克
香草豆莢 ....1/4 根
玉米粉 ....20 克

鮮奶油香緹

鮮奶油香緹（Cream Chantilly）是指動物性鮮奶油添加具有甜味的材料（如細砂糖、糖粉、焦糖醬及果泥等）所打發的甜味發泡鮮奶油。如單純將動物性鮮奶油打發通常稱為「發泡鮮奶油」或「打發鮮奶油」。香緹鮮奶油運用很廣泛，可作為內餡、抹面與擠花裝飾，而「發泡鮮奶油」一般會跟其他甜點餡混合使用，如慕斯。

製作鮮奶油香緹

材料

動物性鮮奶油	415 克
細砂糖	35 克

> 進行本書的鮮奶油香緹抹面時，請準備 7 分發鮮奶油香緹，另外將夾心需要的鮮奶油香緹，單獨用打蛋器再攪打至 8 分發來使用。

作法

1　從冷藏冰箱取出動物性鮮奶油與細砂糖放入攪拌鋼（冰鎮過更佳）或鋼盆（鋼盆下方墊冰塊鍋），以中速打發至 5 分發，放入冷藏冰箱冰鎮備用。

2　使用前再打發至需要的軟硬度。

鮮奶油打發狀態判別

鮮奶油的打發判別根據用途不同，會有些許差異，以下為本書的判別標準。

5 分發以下

攪拌器無法舀起，會迅速滴落。

6～7 分發

適用慕斯、巧克力鮮奶油

可被攪拌器舀起，但還是會慢速滴落。

7 分發

適用蛋糕抹面與擠花

舀起後呈柔和的鷹嘴狀，放在蛋糕上，會微幅向外攤開；製作擠花時，花紋邊緣光澤且滑順。

8 分發

適用蛋糕夾心

呈挺立的尖角，放在蛋糕上，結實不會攤開。適合作蛋糕夾心，能支持蛋糕體與內餡的重量。

基礎奶油霜

材料

牛奶	100 克
蛋黃	40 克
細砂糖	50 克
香草豆莢（可用香草豆莢濃縮醬取代）	1/4 根
發酵奶油（可用無鹽奶油取代）	210 克

作法

1. 發酵奶油從冷藏冰箱取出，切長寬約 1～2 公分的小丁，室溫回軟到用手指可按壓。

2. 香草豆莢以小刀劃開豆莢上方表皮，用刀子側面取出豆莢籽。

3. 以雙手將香草豆莢籽與細砂糖混合為香草糖。

4. 加入蛋黃以打蛋器拌勻。

5. 牛奶煮至鍋邊冒泡，分次加入作法 4 拌勻，再倒回煮鍋續煮。

6. 改中小火，以橡皮刮刀快速擦鍋底，加熱至濃稠有厚度，關火。

7. 過濾後倒入攪拌鋼或是鋼盆，用球狀攪拌器打發，降溫至體感溫度。

8. 加入奶油丁，續打發至光澤柔順的奶油霜。

蛋糕夾餡、抹面基本步驟

1 將蛋糕放在蛋糕轉台中央，用鋸齒刀橫切需要的蛋糕片數，約 2 ～ 4 片。

  ★ 如蛋糕有 4 片，會有 3 層夾層；如蛋糕 3 片，則有 2 層夾層，以此類推。

2 **夾層一**：依次放上蛋糕片、鮮奶油香緹、夾餡、鮮奶油香緹（將餡料薄薄蓋住）

3 **夾層二**：依次放上蛋糕片、鮮奶油香緹、夾餡、鮮奶油香緹（將餡料薄薄蓋住）

4 **夾層三**：依次放上蛋糕片、鮮奶油香緹、夾餡、鮮奶油香緹（將餡料薄薄蓋住）

5 用鮮奶油香緹將蛋糕表面與周圍薄薄抹一層。（a）

6 取較多分量的鮮奶油香緹，放在蛋糕表面中央，一手逆時鐘旋轉轉台，另一手持抹刀，順時鐘平行抹開表面鮮奶油香緹。（b）

7 將側面塗抹具厚度的鮮奶油香緹。（c）

8 用刮板或抹刀單側貼住鮮奶油，保持在定點（約 9 點鐘方向），快速旋轉轉台，將多餘鮮奶油香緹刮除抹平（盡量在 2 ～ 3 圈內完成為佳）。（d）

9 用抹刀由外向內將表面多餘的鮮奶油高牆抹平。（e）

10 完成蛋糕抹面。（f）

蛋糕移動基本步驟

移動蛋糕時，需要特別小心，避免好不容易做好的蛋糕毀損。一開始可能會不太順利，但多加練習就會越加順手的。

用抹刀插入蛋糕底部（約6點鐘方向），將蛋糕稍微抬高（約30°）。

另一手扶住蛋糕底部（約8點鐘方向）。

當蛋糕移動到蛋糕盤時，將蛋糕距離身體最遠的一邊先接觸蛋糕盤。

用手與抹刀的力量，將蛋糕平穩托起。

手先抽離蛋糕底部，再將蛋糕平緩放下。

最後取出抹刀，就大功告成了。

多種擠花裝飾法

水滴鮮奶油

1　工具：圓形平口花嘴、擠花袋

2　使用 7 分發鮮奶油香緹

3　一口氣擠出需要的大小，停止施力，將花嘴往前拉出稍有尾巴的水滴鮮奶油。
　★ 不同尺寸的花嘴會呈現不同的效果。

貝殼鮮奶油

1　工具：多齒星型花嘴、擠花袋

2　使用 7 分發鮮奶油香緹

3　花嘴稍微碰觸蛋糕表面，用力且稍微往後抬高擠出鮮奶油，並順勢將花嘴往前拉出稍有尾巴的貝殼鮮奶油。

圓球鮮奶油

1　工具：圓形平口花嘴、擠花袋

2　使用 7 分發鮮奶油香緹

3　一口氣擠出需要的大小，停止施力，在圓球頂端輕輕收尾。

放射狀鮮奶油

1　工具：聖歐納黑花嘴平口花嘴、擠花袋

2　使用 7 分發鮮奶油香緹

3　花嘴的缺口朝外，擠花時花嘴保持 90 度筆直，一口氣擠出需要的大小，停止施力，輕輕收尾。

基礎戚風蛋糕

材料

蛋白霜
| 蛋白 ....160 克
| 細砂糖 (A)...........80 克
蛋黃 ....80 克
沙拉油 ....50 克
牛奶 ....50 克
細砂糖 (B)................20 克
低筋麵粉 ....80 克
泡打粉 ....1 克

作法

1 蛋黃置於室溫；蛋白放置冰箱冷藏，使用前取出。

2 低筋麵粉及泡打粉過篩備用。

3 製作蛋黃麵糊：

   ➡ 沙拉油、牛奶與細砂糖 (B) 放入煮鍋，加熱到 80℃倒入中型鋼盆。
      ★ 加熱的過程中，要不斷用打蛋器拌勻、乳化。（a）

   ➡ 倒入蛋黃（b），用打蛋器拌勻。

   ➡ 續加入過篩粉類，拌成無粉粒、光澤的麵糊。（c）

4 製作蛋白霜，從冰箱冷藏取出蛋白，放入乾淨的攪拌鋼或鋼盆，分次加入細砂糖 (A)，打發至濕性發泡。（d）

5 取 1/2 蛋白霜加入蛋黃麵糊，用打蛋器輕柔拌勻。（e）

6 加入剩餘蛋白霜，以橡皮刮刀混拌，成為均勻、亮澤的麵糊。（f）

7 把麵糊平均倒入 2 個 6 吋活動蛋糕模，每個約 240～250 克（g），將表面抹平（h），輕敲桌面排出多餘空氣。
   ★蛋糕模內側不可有油或殘留水滴。

8　送入烤箱，以上火 180℃ / 下火 160℃烤 15 分鐘，再以上火 160℃ / 下火 160℃
　　續烤 20 ～ 25 分鐘

9　以竹籤穿刺不沾黏，輕拍蛋糕表面有彈性即表示烤熟。

10　出爐後在桌上輕敲一下，倒扣在網架，待完全放涼後再脫模。

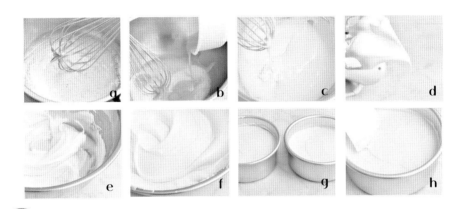

Box

蛋糕脫模步驟

用雙手手指輕壓邊緣的蛋糕
體，讓蛋糕與烤模初步分
離。

將蛋糕倒扣，用手指扣
住烤模底部。

同時把蛋糕邊框往上提
起。

完成脫模。

用鋸齒刀橫切。

★ 戚風蛋糕配方水分較高，因此出爐後的蛋糕體非常柔軟，需要完全冷卻（2 ～ 3
　　小時），才能進行脫模，建議可冷凍一晚，讓蛋糕狀態更加穩定，使用前再行脫模，
　　如在蛋糕體不夠冷卻時脫模，容易產生縮腰的現象。

★ 海綿蛋糕與奶油蛋糕待稍冷卻後，即可脫模，亦可放入冷凍保存，使用前再脫模。

巧克力戚風蛋糕

材料

蛋白霜
  蛋白.........................160 克
  細砂糖(A)..................80 克
蛋黃.............................80 克
沙拉油..........................55 克
牛奶.............................55 克
細砂糖(B)......................20 克

可可粉 ....15 克
低筋麵粉 ....65 克
泡打粉 ....1 克

作法

1　蛋黃置於室溫；蛋白放置冰箱冷藏，使用前取出。

2　低筋麵粉及泡打粉過篩備用。

3　將可可粉過篩到另一個中型鋼盆。

4　製作可可麵糊：

　➡ 沙拉油、牛奶與細砂糖 (B) 放入煮鍋，加熱到 80℃，倒入中型鋼盆。
　　★ 加熱的過程中，要不斷用打蛋器拌勻、乳化。

　➡ 倒入蛋黃，用打蛋器拌勻。

　➡ 續加入已過篩的低筋麵粉和泡打粉，拌成無粉粒、光澤的麵糊。

5　製作蛋白霜，從冰箱冷藏取出蛋白，放入乾淨的攪拌鋼或鋼盆，分次加入細砂糖 (A)，打發至濕性發泡。

6　取 1/2 蛋白霜加入可可蛋黃麵糊，用打蛋器輕柔拌勻，加入剩餘蛋白霜，以橡皮刮刀混拌，成為均勻、亮澤的麵糊。

7　把麵糊平均倒入 2 個 6 吋活動蛋糕模，將表面抹平，輕敲桌面排出多餘的空氣。
　★ 蛋糕模內側不可有油或殘留水滴

8　送入烤箱，以上火 180℃ / 下火 160℃ 烤 15 分鐘，再以上火 160℃ / 下火 160℃ 續烤 20 ～ 25 分鐘。

9　以竹籤穿刺不沾黏，輕拍蛋糕表面有彈性即表示烤熟，出爐後在桌上輕敲一下，倒扣在網架，待完全放涼後再脫模。

香橙百香戚風蛋糕

材料

蛋白霜
|　蛋白 ....160 克
|　細砂糖 (A)..............80 克
蛋黃 ....80 克
香橙百香果粒醬 ....60 克
沙拉油 ....40 克
細砂糖 (B)...................20 克

低筋麵粉 ....85 克
泡打粉 ....1 克

作法

作法同基礎戚風蛋糕，香橙
百香果粒醬於作法 3 與蛋黃
同時加入。

藍莓戚風蛋糕

材料

蛋白霜
|　蛋白 ....160 克
|　細砂糖 (A)..............80 克
蛋黃 ....80 克
藍莓果粒醬 ....60 克
沙拉油 ....40 克
細砂糖 (B).................20 克
低筋麵粉 ....85 克
泡打粉 ....1 克

作法

作法同基礎戚風蛋糕，藍莓果粒醬於作法
3 與蛋黃同時加入。

伯爵紅茶戚風蛋糕

材料

蛋白霜

| 蛋白 ....160 克

| 細砂糖 (A)..................80 克

蛋黃 ....80 克

沙拉油 ....40 克

伯爵紅茶牛奶液

| 牛奶 ....80 克

| 伯爵紅茶茶包 ....1 包

細砂糖 (B)......................20 克

低筋麵粉 ....75 克

伯爵紅茶粉 ....5 克

泡打粉 ....1 克

作法

1　製作伯爵紅茶牛奶液，牛奶煮到 85℃，放入茶包燜 10 分鐘，取茶湯 55 克。

2　其他作法同基礎戚風蛋糕，伯爵紅茶粉於作法 2 和低筋麵粉、泡打粉一起過篩備用。

抹茶戚風蛋糕

材料

蛋白霜

| 蛋白 ....160 克

| 細砂糖 (A)..................80 克

蛋黃 ....80 克

沙拉油 ....55 克

牛奶 ....55 克

細砂糖 (B)......................20 克

低筋麵粉 ....70 克

抹茶粉 ....8 克

泡打粉 ....1 克

作法

作法同基礎戚風蛋糕，抹茶粉於作法 2 和低筋麵粉、泡打粉一起過篩備用。

基礎海綿蛋糕

材料

全蛋 ....165 克
蛋黃 ....60 克
細砂糖 ....140 克
鹽 ....1 克
低筋麵粉 ....130 克
沙拉油 ....30 克
牛奶 ....40 克

作法

1　準備 6 吋活動蛋糕烤模 2 個，底部各放一
　　張圓形不沾烤焙紙。

　　★ 內側不需塗油，避免殘留水滴。

2　低筋麵粉過篩。

3　沙拉油、牛奶放入小鋼盆，加熱至 30 ～
　　40℃，保溫備用。

4　將全蛋、蛋黃、細砂糖和鹽放入鋼盆（或
　　攪拌鋼），以打蛋器混拌，隔水加熱到約
　　45℃。（a）

　　★ 如使用攪拌鋼，請隔水加熱到 35℃～
　　　 40℃。

5　使用電動手持攪拌器或攪拌鋼快速打發至
　　蛋糊反白，表面明顯有紋路。（b）改以中
　　或低速攪拌約 3 ～ 5 分鐘，讓蛋糊更加細
　　緻光澤，舀起蛋糊如緞帶般流下，紋路不
　　易消失。（c）

6　將低筋麵粉再次過篩到蛋糊表面。（d）

7　用橡皮刮刀，由 1 點鐘方向（e）順著鋼盆底部滑到 7 點鐘方向（f），將底部麵糊輕柔翻轉至中心點（g），另一手以逆時針方向轉動鋼盆， 攪拌至無粉粒狀。（h）

★ 前後約須攪拌 40 下。

8　取部分麵糊與作法 3 拌勻（i），再倒回麵糊中，以相同手法，輕柔翻轉拌勻，直到看不見油紋。（j）

★ 前後約須攪拌 20 ～ 25 下。

9　將完成的麵糊倒入烤模，輕敲出空氣。

10　送入烤箱，以上火 170 ～ 180℃，下火 160℃烤約 25 ～ 30 分鐘，竹籤穿刺不沾黏，輕拍蛋糕表面有彈性即可出爐，輕敲，倒扣在網架，放涼備用。

★ 若家中為單一溫度烤箱，則以 170 ～ 180℃來烤焙。

巧克力海綿蛋糕

材料

全蛋	165 克
蛋黃	60 克
細砂糖	140 克
鹽	1 克
低筋麵粉	120 克
可可粉	10 克
沙拉油	30 克
牛奶	40 克

作法

作法同基礎海綿蛋糕，可可粉與低筋麵粉同時過篩、加入。

抹茶海綿蛋糕

材料

全蛋	165 克
蛋黃	60 克
細砂糖	140 克
鹽	1 克
低筋麵粉	120 克
抹茶粉	10 克
沙拉油	35 克
牛奶	45 克

作法

作法同基礎海綿蛋糕，抹茶粉與低筋麵粉同時過篩、加入。

基礎奶油蛋糕

配方與磅蛋糕相似，以全蛋打發方式製作的奶油蛋糕，口感鬆軟、好入口，為蛋香十足的古早味。

材料

全蛋（室溫）.......140 克
細砂糖 ....85 克
鹽 .... 少許
蜂蜜 ....8 克
香草豆莢醬............適量
蘭姆酒 ....8 克
檸檬汁 ....8 克
低筋麵粉 ....125 克
無鹽奶油 ....120 克

作法

1 準備 6 吋活動蛋糕烤模 1 個，底部放一張圓形不沾烤焙紙。
   ★ 內側不需塗油，避免殘留水滴。

2 低筋麵粉過篩。

3 無鹽奶油加熱融化，溫度維持 50 ～ 60℃，保溫備用。（a）
   ★ 奶油也可用微波爐加熱融化。

4 將全蛋、細砂糖、鹽、蜂蜜、香草豆莢醬，以打蛋器混拌，隔水加熱至 35℃。

5 使用電動手持攪拌器或攪拌鋼快速打發至蛋糊反白，表面有明顯紋路（b），改以中低速攪拌約 3 ～ 5 分鐘，讓蛋糊更加細緻光澤，舀起蛋糊如緞帶般流下，紋路不易消失。（c）

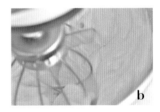

6　加入蘭姆酒與檸檬汁。（d）

7　將低筋麵粉再次過篩到麵糊表面。（e）

8　用橡皮刮刀，由 1 點鐘方向順著鋼盆底部滑到 7 點鐘方向，將底部麵糊輕柔翻轉
　　至中心點，另一手以逆時針方向轉動鋼盆，攪拌至無粉粒狀。（f）
　　★ 前後約須攪拌 40 下。

9　取 1/3 作法 7 的麵糊與融化奶油拌勻，再倒回作法 7（g），以相同手法，輕柔翻
　　轉拌勻（h），至看不見油紋。（i）
　　★ 前後約須攪拌 20 ～ 25 下。

10　將完成的麵糊倒入烤模，輕敲出空氣。

11　送入烤箱，以上火 170 ～ 180℃ / 下火 160℃烤約 35 ～ 40 分鐘，竹籤穿刺不沾黏，
　　輕拍蛋糕表面有彈性即可出爐，輕敲，倒扣在網架，放涼備用。
　　★ 若家中為單一溫度烤箱，則以 170 ～ 180℃來烤焙。

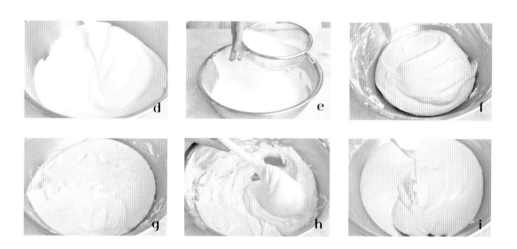

基礎可麗餅

材料

低筋麵粉 ....130 克

細砂糖 ....40 克

全蛋（室溫）.......260 克

牛奶 ....430 克

無鹽奶油 ....35 克

作法

1　將 1/3 的牛奶和無鹽奶油放入煮鍋（a），煮至奶油融化，約 50℃。（b）

2　低筋麵粉過篩，放入鋼盆，加細砂糖拌勻。（c）

3　加入全蛋拌勻。（d）

4　再倒入作法 1 拌勻。（e）（f）

5　倒入剩餘牛奶（g）拌勻，過篩。（h）

6　表面貼覆保鮮膜（i），靜置 30 分鐘。

7　取直徑 20 公分的防沾平底鍋，以中小火預熱。

8　將手放在距離鍋面約 10 公分高度（j），待手明顯感到熱度，倒入約 30 ～ 35 克的麵糊（k），快速繞鍋，攤成均勻薄餅。（l）
　　★ 在轉動麵糊的過程中，若有空洞（m）， 可舀取適量的麵糊填補（n）

9　待餅皮周圍呈金黃色，中間麵皮起泡隆起時（o），即可起鍋。

10　將所有麵糊煎製完畢。約可製作 16 ～ 20 張薄餅。（p）

PART 1

輕盈蓬鬆
戚風蛋糕

Chiffong Cake

藍珍珠戚風

材料

6 吋藍莓戚風蛋糕 ....1 個

7 分發鮮奶油香緹 .... 配方 1 份（作法詳 P20，保留 60 克製作藍莓鮮奶油香緹）

藍莓鮮奶油香緹

| 藍莓果粒醬 ....25 克（作法詳 P14）

| 7 分發鮮奶油香緹 ....60 克

裝飾

| 新鮮藍莓 .... 適量

| 新鮮黑莓 .... 適量

作法

1　製作藍莓戚風蛋糕，材料、作法詳 P29。

2　藍莓果粒醬加入 60 克鮮奶油香緹，用橡皮刮刀拌勻即為藍莓鮮奶油香緹。

　　★ 避免過度混合，造成鮮奶油粗糙。

3　藍莓戚風蛋糕，分切成 4 片。

4　組合蛋糕夾層（層次堆疊參考下圖）。

5　參照 P22 蛋糕抹面作法 5 ～ 10，完成蛋糕抹面。

6　以藍莓、黑莓、小花與綠葉圍繞蛋糕裝飾即完成。

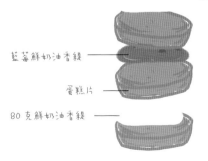

—— 80 克鮮奶油香緹

藍莓鮮奶油香緹 ——

蛋糕片 ——

80 克鮮奶油香緹 ——

覆盆子冬戀戚風

材料

6 吋巧克力戚風蛋糕 ....1 個

7 分發鮮奶油香緹 .... 配方 1 份（作法詳 P20，保留 60 克製作覆盆子鮮奶油香緹）

覆盆子鮮奶油香緹

  覆盆子果粒醬 ....50 克（作法詳 P15）
  鮮奶油香緹 ....140 克

夾心

  新鮮覆盆子 ....5 個

裝飾

  新鮮覆盆子 ....適量
  新鮮藍莓 ....適量

作法

1　製作巧克力戚風蛋糕，材料、作法詳 P28。

2　製作覆盆子鮮奶油香緹，將覆盆子果粒醬、鮮奶油香緹用橡皮刮刀拌勻。

　★ 避免過度混合，造成鮮奶油粗糙。

3　巧克力戚風蛋糕，分切成 4 片。

4　將夾心的覆盆子切半。

5　組合蛋糕夾層（層次堆疊參考右圖）。

6　參照 P22 蛋糕抹面作法 5 ～ 10，完成蛋糕抹面。

7　在表面以星型多齒花嘴擠出不規則星型擠花，再以 1.5 公分圓型平口花嘴擠出大圓球擠花，最後用可愛小莓果裝飾。

蛋糕片
1/2 覆盆子鮮奶油香緹
40 克鮮奶油香緹
切半覆盆子
40 克鮮奶油香緹
1/2 覆盆子鮮奶油香緹

黑莓彎月戚風

材料

6吋基礎戚風蛋糕 1個

7分發鮮奶油香緹 ....配方1份（作法詳 P20，保留 60 克製作黑莓鮮奶油香緹）

黑莓鮮奶油香緹

| 黑莓 .... 25 克
| 鮮奶油香緹 ....60 克

夾心

| 草莓 ....5 個

裝飾

| 覆盆子、草莓、黑莓、紅醋栗等 .... 適量

作法

1 　製作基礎戚風蛋糕，材料、作法詳 P26。

2 　將黑莓鮮奶油香緹要使用的黑莓以調理機打成果泥。

3 　製作黑莓鮮奶油香緹，將黑莓果泥、鮮奶油香緹用橡皮刮刀拌勻。
　　★ 避免過度混合，造成鮮奶油粗糙。

4 　將戚風蛋糕分切成 4 片。

5 　夾心用草莓切片。

6 　組合蛋糕夾層（層次堆疊參考右圖）。

7 　參照 P22 蛋糕抹面作法 5 ～ 10，完成蛋糕抹面。

8 　將各種野莓果與小花朵於蛋糕表面排成美麗的新月，即完成。

黑莓鮮奶油香緹

40 克鮮奶油香緹

草莓切片

40 克鮮奶油香緹

蛋糕片

熱帶水果交響樂

材料

6 吋香橙百香戚風蛋糕 .... 1 個
7 分發鮮奶油香緹 .... 配方 1 份（作法詳
P20，保留 60 克製作芒果乳酪鮮奶油香緹）
芒果乳酪鮮奶油香緹
| 奶油乳酪 .... 25 克
| 芒果果泥 .... 5 克
| 鮮奶油香緹 .... 60 克
夾心
| 奇異果 ....1 個
| 覆盆子 .... 5 個
| 芒果 ....1 個
裝飾
| 各種水果 .... 適量

作法

1　奶油乳酪置於室溫回軟；製作香橙百香戚風蛋糕，材料、作法詳 P29。

2　製作芒果乳酪鮮奶油香緹，將奶油乳酪與芒果果泥用橡皮刮刀混合、拌軟，再分
　次加入鮮奶油香緹，拌勻即可。

3　香橙百香戚風蛋糕，分切成 4 片。

4　夾心用奇異果和芒果切片，覆盆子切半。

5　組合蛋糕夾層（層次堆疊參考右圖）。

6　參照 P22 蛋糕抹面作法 5 ～ 10，完成蛋糕抹面。

7　以芒果、草莓及奇異果等水果裝飾即可。

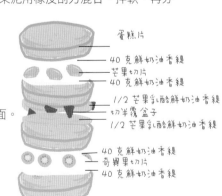

蛋糕片
40 克鮮奶油香緹
芒果切片
40 克鮮奶油香緹
1/2 芒果乳酪鮮奶油香緹
切半覆盆子
1/2 芒果乳酪鮮奶油香緹
40 克鮮奶油香緹
奇異果切片
40 克鮮奶油香緹

巧克力撞香蕉

材料

6 吋巧克力戚風蛋糕 ....1 個

巧克力鮮奶油香緹

| 6～7 分發發泡動物性鮮奶油 ....370 克

| 巧克力（60～70%）.............................65 克

| 動物性鮮奶油 ....65 克

夾心

| 香蕉 ....2 根

裝飾

| 香蕉 ....1 根

| 焦糖牛奶糖醬 .... 適量（作法詳 P18）

作法

1 製作巧克力戚風蛋糕，材料、作法詳 P28。

2 製作巧克力鮮奶油香緹

➡ 巧克力隔水（或微波爐）加熱融化。

➡ 動物性鮮奶油加熱至微溫（45～55℃）， 倒入已融化的巧克力內。

➡ 用橡皮刮刀從中心點攪拌， 直到巧克力完全融化，有光澤感，即為巧克力甘納許。

➡ 待降溫至 30～32℃，分次加入發泡動物性鮮奶油拌勻。

3 巧克力戚風蛋糕分切成 3 片。

4 夾心用香蕉切片。

5 組合蛋糕夾層（層次堆疊參考右圖）。

6 參照 P22 蛋糕抹面作法 5～10，完成蛋糕抹面。

7 在蛋糕表面以星型多齒花嘴擠出貝殼鮮奶油、鋪上香蕉切片、淋上焦糖醬與放些許薄荷葉裝飾。

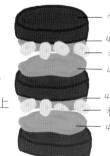

蛋糕片
40 克巧克力鮮奶油香緹
香蕉切片
40 克巧克力鮮奶油香緹

40 克巧克力鮮奶油香緹
香蕉切片
40 克巧克力鮮奶油香緹

抹茶櫻花戚風

材料

6 吋抹茶戚風蛋糕 ....1 個
抹茶鮮奶油香緹
 │ 奶油乳酪 ....100 克
 │ 抹茶粉 ....5 克
 │ 熱水 ....20 克
 │ 抹茶酒 ....5 克
 │ 動物性鮮奶油 ....300 克
 │ 細砂糖 ....55 克

夾心
 │ 紅豆粒 ....60 克
裝飾
 │ 鹽漬櫻花 ....適量

作法

Ⅰ　奶油乳酪置於室溫回軟；製作抹茶戚風蛋糕，材料、作法詳 P30。

2　製作抹茶鮮奶油香緹

 ➡　將抹茶粉、熱水調勻，使用茶濾網篩過濾。

 ➡　動物性鮮奶油、細砂糖打發，製作 7 分發鮮奶油香緹，作法詳 P20，完成
  的鮮奶油香緹保留 80 克，作為蛋糕中間夾層。

 ➡　奶油乳酪用橡皮刮刀拌軟，加入抹茶醬、抹茶酒拌勻，分次加入鮮奶油香
  緹拌勻。

3　抹茶戚風蛋糕分切成 4 片。

4　組合蛋糕夾層（層次堆疊參考右圖）。

5　參照 P22 蛋糕抹面作法 5 ～ 10，完成蛋糕抹面。

6　在蛋糕表面以 1.5 公分圓型平口花嘴，擠上大水
 滴鮮奶油，及擺上鹽漬櫻花裝飾。

 ★ 鹽漬櫻花可先稍微甩掉沾附的鹽巴，放入水中約
 泡 3 ～ 5 分鐘，置於廚房紙巾上吸乾水分，再拿來
 裝飾，較不會因為鹽分影響蛋糕風味。

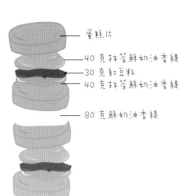

蛋糕片
40 克抹茶鮮奶油香緹
30 克紅豆粒
40 克抹茶鮮奶油香緹
80 克鮮奶油香緹

伯爵櫻桃派對

材料

6 吋伯爵紅茶戚風蛋糕 ....1 個

伯爵紅茶鮮奶油香緹

  伯爵紅茶葉 ....8 克
  細砂糖 ....40 克
  動物性鮮奶油 (A)..............150 克
  動物性鮮奶油 (B)..............250 克
  櫻桃酒 ....5 克

夾心

  櫻桃果粒醬 ....80 ～ 100 克
  （作法詳 P15）

裝飾

  新鮮櫻桃 ....8 ～ 10 個
  草莓 ....2 個
  覆盆子 ....2 個
  白醋栗 ....1 小串
  開心果碎 ....10 克

作法

1　製作伯爵紅茶戚風蛋糕，材料、作法詳 P30。

2　製作伯爵紅茶鮮奶油香緹

➡　將伯爵紅茶葉、細砂糖及動物性鮮奶油 (A) 放入煮鍋，煮至 85℃，燜 10 分鐘，過濾。

➡　加入其他材料拌勻，冷藏一晚，使用前打至 7 分發。

3　伯爵戚風蛋糕分切成 4 片。

4　組合蛋糕夾層（層次堆疊參考右圖）。

5　參照 P22 蛋糕抹面作法 5 ～ 10，完成蛋糕抹面。

6　在蛋糕表面以星型多齒狀的花嘴擠出貝殼鮮奶油，擺上新鮮櫻桃，灑上開心果碎裝飾。

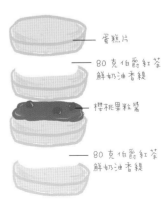

蛋糕片

80 克伯爵紅茶鮮奶油香緹

櫻桃果粒醬

80 克伯爵紅茶鮮奶油香緹

巧克力咖啡協奏曲

材料

6吋巧克力戚風蛋糕體 .... 1 個

咖啡鮮奶油香緹

奶油乳酪 .... 100 克

即溶咖啡粉 .... 1.5 克

熱水 .... 15 克

咖啡酒 .... 5 克

動物性鮮奶油 .... 300 克

細砂糖 .... 50 克

夾心

糖漬香橙片 .... 2～3 片
（作法詳 P17）

裝飾

咖啡豆 .... 適量

薄荷葉 .... 適量

作法

1 奶油乳酪置於室溫回軟；製作巧克力戚風蛋糕，材料、作法詳 P28。

2 製作咖啡鮮奶油香緹

➡ 即溶咖啡粉、熱水調勻，以茶濾網篩過濾。

➡ 動物性鮮奶油、細砂糖打發，製作 7 分發鮮奶油香緹，打發好的鮮奶油香緹保留 80 克，作為蛋糕中間夾層。

➡ 奶油乳酪用橡皮刮刀拌軟，加入咖啡醬及咖啡酒拌勻，分次加入鮮奶油香緹拌勻。

3 巧克力戚風蛋糕分切成 4 片。

4 糖漬香橙片切碎丁。

5 組合蛋糕夾層（層次堆疊參考右圖）。

6 參照 P22 蛋糕抹面作法 5 ～ 10，完成蛋糕抹面。

7 在蛋糕表面以星形多齒花嘴擠出星形鮮奶油擠花裝飾，再以咖啡豆與香草綠葉點綴。

蛋糕片
80 克咖啡鮮奶油香緹
糖漬香橙
80 克鮮奶油香緹
80 克咖啡鮮奶油香緹

金橙陽光

材料

6 吋香橙百香戚風蛋糕 ....1 個
7 分發鮮奶油香緹 .. 配方 1 份（作法詳 P20）
裝飾
　│　香橙 ....3 個
　│　（烤）椰子粗絲 ....40 克

作法

1　製作香橙百香戚風蛋糕，材料、作法詳 P29。

2　椰子粗絲放入烤箱，以 150℃，烤約 10 ～ 15 分鐘至均勻上色，取出放涼備用。

3　香橙去皮取出果肉，以廚房紙巾將多餘水分去除。

4　香橙百香戚風蛋糕，分切成 3 片。

5　組合蛋糕夾層（層次堆疊如下圖）。

6　參照 P22 蛋糕抹面作法 5 ～ 10，完成蛋糕抹面。

7　在蛋糕表面以 1.5 公分圓形平口擠出大圓球鮮奶油擠花，再擺上金黃香橙果肉和烤椰子粗絲裝飾。

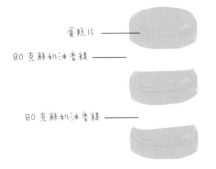

蛋糕片
80 克鮮奶油香緹
80 克鮮奶油香緹

巧克力的檸檬洋傘

材料

6吋巧克力戚風蛋糕 ....1 個

檸檬鮮奶油香緹
| 奶油乳酪 ....100 克
| 細砂糖 (A)....................................35 克
| 檸檬汁 ....10 克
| 香橙酒 ....5 克
| 動物性鮮奶油 ....300 克
| 細砂糖 (B)....................................25 克

夾心
| 覆盆子 ....5 個
裝飾
| 黃檸檬 ....適量
| 覆盆子 ....適量
| 山蘿蔔 ....適量

作法

1　製作巧克力戚風蛋糕，材料、作法詳 P28。

2　製作檸檬鮮奶油香緹

　➡　將動物性鮮奶油、細砂糖 (B) 打發，製作 7 分發鮮奶油香緹（作法詳見 P20）。

　➡　奶油乳酪加入細砂糖 (A) 拌軟，加入檸檬汁、香橙酒拌勻，再分次加入鮮奶油香緹拌勻。

3　巧克力戚風蛋糕，分切成 4 片。

4　夾心用覆盆子切半。

5　組合蛋糕夾層（層次堆疊參考右圖）。

6　參照 P22 蛋糕抹面作法 5 ～ 10，完成蛋糕抹面。

7　以檸檬片、覆盆子裝飾。

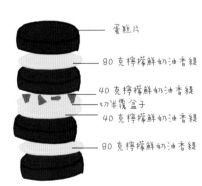

蛋糕片

80 克檸檬鮮奶油香緹

40 克檸檬鮮奶油香緹

切半覆盆子

40 克檸檬鮮奶油香緹

80 克檸檬鮮奶油香緹

PART 2

濃郁鬆軟
海綿蛋糕&奶油蛋糕

Sponge cake&
Butter cake

雲朵上的草莓蛋糕

材料

6吋基礎海綿蛋糕 1個
蛋糕用酒糖液 ....25克（作法詳P19）
7分發鮮奶油香緹 ....配方1份（作法詳P20）
夾心
   | 草莓 10個
裝飾
   | 新鮮草莓 8個
   | 鏡面果膠 ....適量

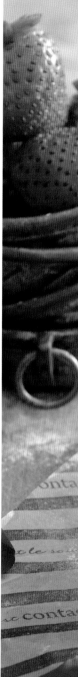

作法

1   製作基礎海綿蛋糕，材料、作法詳 P32。

2   基礎海綿蛋糕分切成 3 片。

3   夾心草莓切厚度約 0.5 公分的薄片。

4   組合蛋糕夾層（層次堆疊參考下圖）。

5   參照 P22 蛋糕抹面作法 5 ～ 10，完成蛋糕抹面。

6   在蛋糕表面以 1.5 公分圓形平口花嘴擠上大水滴鮮奶油擠花，再用草莓與玫瑰花瓣裝飾。

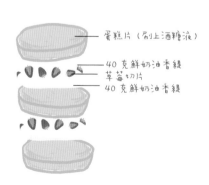

蛋糕片（刷上酒糖液）

40 克鮮奶油香緹
草莓切片
40 克鮮奶油香緹

田園地瓜

材料

6 吋基礎海綿蛋糕 ....1 個
蛋糕用酒糖液 ....25 克（作法詳 P19）
7 分發鮮奶油香緹 ..配方 1 份（作法詳 P20）
夾心
　│ 地瓜泥 ....180 克
　│ 動物性鮮奶油 ....20 克
　│ 蘭姆酒 ....5 克
　│ 糖漬香橙片 ....2 片（作法詳 P17）
裝飾
　│ 糖漬香橙片 ....6 片

作法

1　製作基礎海綿蛋糕，材料、作法詳 P32。

2　基礎海綿蛋糕分切成 3 片。（a）

3　製作蘭姆地瓜泥

　➡ 將地瓜去皮洗淨分切，蓋上耐熱保鮮膜，用微波
　　爐加熱 4 分到 4 分半至熟軟。

　★ 也可用蒸鍋或電鍋外鍋一杯水蒸熟。

　➡ 降溫後，拌入動物性鮮奶油、蘭姆酒，充分冷卻
　　使用。（b）

　★ 攪拌時可保留適量塊粒狀，口感會較豐富。

a

b

4　夾心用糖漬香橙片切碎丁。

5　組合蛋糕夾層，層次堆疊參考右圖，實際操作圖參考（c）（d）（e）（f）。

6　參照 P22 蛋糕抹面作法 5 ～ 10，完成蛋糕抹面。（g）

7　在蛋糕表面用 1.5 公分圓型平口花嘴擠上圓球鮮奶油擠花，再放上糖漬香橙片簡單裝飾。

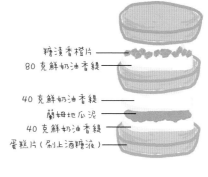

糖漬香橙片
80 克鮮奶油香緹
40 克鮮奶油香緹
蘭姆地瓜泥
40 克鮮奶油香緹
蛋糕片（刷上酒糖液）

c

d

e

f

g

蜜桃香橙好朋友

材料

6 吋基礎海綿蛋糕 ....1 個
蛋糕用酒糖液 ....25 克（作法詳 P19）
7 分發鮮奶油香緹（作法詳 P20）
  動物性鮮奶油 ....500 克
  細砂糖 ....40 克
夾心
  蜜桃果粒醬 ..100 克（作法詳 P16）
  水蜜桃 ....1～2 個
  香橙 ....2～3 個

裝飾
  水蜜桃 ....1 個
  香橙 ....1 個

作法

1　製作基礎海綿蛋糕，材料、作法詳 P32。

2　基礎海綿蛋糕分切成 4 片

3　蜜桃果粒醬濾掉多餘水分；夾心用水蜜桃切丁；香橙取出果肉，切丁。

4　組合蛋糕夾層（層次堆疊參考右圖）。

5　參照 P22 蛋糕抹面作法 5～10，完成蛋糕抹面。

6　在蛋糕表面以 1.5 公分圓型平口花嘴擠花，再以水蜜桃和香橙裝飾。

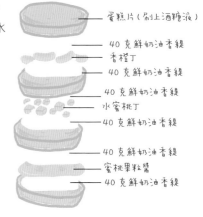

蛋糕片（刷上酒糖液）

40 克鮮奶油香緹
香橙丁
40 克鮮奶油香緹

40 克鮮奶油香緹
水蜜桃丁
40 克鮮奶油香緹

40 克鮮奶油香緹
蜜桃果粒醬
40 克鮮奶油香緹

組合蛋糕夾層步驟

本書收錄食譜經常會需要組合蛋糕夾層，作法皆大同小異，遵循以下示範就能簡單堆疊出好吃的層次蛋糕囉！

先放上第一層蛋糕片，刷上適量酒糖液。

抹上40克鮮奶油香緹。

均勻放上蜜桃果粒醬，再抹上40克鮮奶油香緹。

放上第二層蛋糕片，刷上適量酒糖液，抹上40克鮮奶油香緹。

擺放水蜜桃丁。

抹上 40 克鮮奶油香緹，剛好可以
覆蓋水果即可。

放上第三層蛋糕片，刷上酒糖液，
抹上 40 克鮮奶油香緹，擺上香橙
丁。

再抹上 40 克鮮奶油香緹，擺上最後
一片蛋糕片即可。

芒果愛上焦糖

材料

6 吋巧克力海綿蛋糕 ....1 個
蛋糕用酒糖液 ....25 克（作法詳 P19）
焦糖鮮奶油香緹
　│ 焦糖牛奶糖醬 ....100 克（作法詳 P18）
　│ 7 分發動物性鮮奶油 ....450 克
鮮奶油香緹 80 克（作法詳 P20）
　│ 動物性鮮奶油 ....75 克
　│ 細砂糖 ....5 克
夾心
　│ 草莓 ....5 個
　│ 芒果 ....1 個
裝飾
　│ 芒果 ....1/2 個
　│ 覆盆子 ....5 個

作法

1　製作巧克力海綿蛋糕，材料、作法詳 P34。

2　製作焦糖鮮奶油香緹：將焦糖牛奶糖醬與動物性鮮奶油
　　以打蛋器混拌均勻後，參考 P20 鮮奶油香緹的作法打
　　至 7 分發。

3　巧克力海綿蛋糕分切成 4 片。

4　夾心及裝飾芒果切丁；草莓
　　切片。

5　組合蛋糕夾層（層次堆疊參
　　考右圖）

6　參照 P22 蛋糕抹面作法 5 ～
　　10，完成蛋糕抹面。

7　在蛋糕表面以聖歐納黑花嘴
　　擠花，再放上芒果丁與覆盆
　　子裝飾。

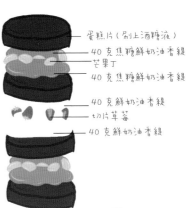

蛋糕片（刷上酒糖液）
40 克焦糖鮮奶油香緹
芒果丁
40 克焦糖鮮奶油香緹
40 克鮮奶油香緹
切片草莓
40 克鮮奶油香緹

茶山採栗子

材料

6吋抹茶海綿蛋糕 1個

蛋糕用酒糖液 ....25 克（作法詳 P19）

抹茶鮮奶油香緹

| 奶油乳酪 ....100 克

| 抹茶粉 ....5 克

| 熱水 ....20 克

| 抹茶酒 ....5 克

| 動物性鮮奶油 ....300 克

| 細砂糖 ....55 克

夾心

| 法國糖漬栗子 ....10 個

裝飾

| 法國糖漬栗子 ....3 個

作法

1　製作抹茶海綿蛋糕，材料、作法詳 P34。

2　製作抹茶鮮奶油香緹

➡ 將抹茶粉、熱水調勻，使用茶濾網篩過濾。

➡ 動物性鮮奶油、細砂糖打發，製作 7 分發鮮奶油香緹，作法詳 P20。

➡ 奶油乳酪用橡皮刮刀拌軟，加入抹茶醬、抹茶酒拌勻，分次加入鮮奶油香緹拌勻。

3　抹茶海綿蛋糕 分切成 3 片。

4　夾心用糖漬栗子切半。

5　組合蛋糕夾層（層次堆疊參考右圖）。

6　參照 P22 蛋糕抹面作法 5 ～ 10，完成蛋糕抹面。

7　在蛋糕表面，以抹刀輕沾抹茶醬，輕輕抹畫青翠螺旋紋路，再用星型和圓球花嘴擠花，最後用糖漬栗子裝飾即可。

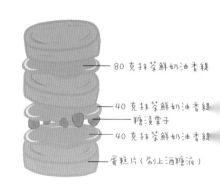

80 克抹茶鮮奶油香緹

40 克抹茶鮮奶油香緹

糖漬栗子

40 克抹茶鮮奶油香緹

蛋糕片（刷上酒糖液）

歡樂耶誕蛋糕

材料

6 吋巧克力海綿蛋糕 ....1 個
奶油杯子蛋糕 ....1 個（作法詳 P98）
蛋糕用酒糖液 ......25 克（作法詳 P19）
7 分發鮮奶油香緹（作法詳 P20）
| 動物性鮮奶油 ....550 克
| 細砂糖 ....50 克
夾心
| 草莓紅醋栗果粒醬 ....50 克
| （作法詳 P15）
| 草莓 ....5 個

裝飾
| 草莓 ....10 個
| 覆盆子 ....2 個
| 藍莓 ....適量
| 白醋栗 ....1 小串
| 耶誕裝飾小物 ....適量
| 防潮糖粉 ....適量

作法

1　製作巧克力海綿蛋糕，材料、作法詳 P34。

2　巧克力海綿蛋糕分切成 3 片。

3　夾心的草莓切成片狀。

4　組合蛋糕夾層（層次堆疊參考下圖）。

5　參照 P22 蛋糕抹面作法 5 ～ 10，完成蛋糕抹面。

6　奶油杯子蛋糕完成抹面後，放在 6 吋海綿蛋糕中央，接合處用星型花嘴擠上小貝殼鮮奶油。

7　大蛋糕底部以 1 公分圓型平口花嘴擠上珍珠鮮奶油擠花裝飾。

8　擠上小圓球鮮奶油，放上草莓、覆盆子和耶誕老公公裝飾。

40 克鮮奶油香緹
草莓切片
40 克鮮奶油香緹

40 克鮮奶油香緹

草莓紅醋栗果粒醬
蛋糕片（刷上酒糖液）

巧克力覆盆子蛋糕

材料

6吋巧克力海綿蛋糕 ....1 個
蛋糕用酒糖液 ....25 克（作法詳 P19）
巧克力鮮奶油香緹
| 6～7分發發泡動物性鮮奶油 ....370 克
| 巧克力（60～70%）...........................65 克
| 動物性鮮奶油 ....65 克
夾心
| 覆盆子果粒醬 ....30 克（作法詳 P15）
| 覆盆子 ....5 個
裝飾
| 覆盆子 ....6 個

作法

Ⅰ　製作巧克力海綿蛋糕，材料、作法詳 P34。

2　製作巧克力鮮奶油香緹

➡ 巧克力隔水（或微波爐）加熱融化。

➡ 動物性鮮奶油加熱至微溫（45～55℃）， 倒入已融化的巧克力內。

➡ 用橡皮刮刀從中心點攪拌， 直到巧克力完全融化，有光澤感，為巧克力甘納許。

➡ 待降溫至 30～32℃，分次加入發泡動物性鮮奶油拌勻。

3　巧克力海綿蛋糕分切成 3 片。

4　夾心用覆盆子切半。

5　組合蛋糕夾層（層次堆疊參考右圖）。

6　參照 P22 蛋糕抹面作法 5～10，完成蛋糕抹面。

7　以新鮮覆盆子裝飾即可。

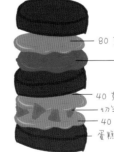

—— 80 克巧克力鮮奶油香緹
—— 覆盆子果粒醬
—— 40 克巧克力鮮奶油香緹
—— 切半覆盆子
—— 40 克巧克力鮮奶油香緹
—— 蛋糕片（刷上酒糖液）

好人氣紅絲絨蛋糕

材料

6吋紅絲絨蛋糕2個

全蛋	165克
蛋黃	60克
細砂糖	140克
鹽	1克
香草豆莢醬	適量
低筋麵粉	120克
可可粉	5克
沙拉油	30克

酸奶	40克
紅色食用色素	適量
蛋糕用酒糖液	25克（作法詳P19）

檸檬乳酪奶油餡

奶油乳酪	120克
糖粉	70克
無鹽奶油	180克
檸檬汁	5克
香橙酒	5克

作法

1　製作紅絲絨蛋糕，參考 P32 巧克力海綿蛋糕作法。

2　製作純白乳酪奶油餡

➡　將奶油乳酪置於室溫回軟，加糖粉用橡皮刮刀拌軟。

➡　加入無鹽奶油打發。

➡　加入檸檬汁、香橙酒調整風味與軟硬度。

3　做好的紅絲絨蛋糕，將蛋糕表面不平整處切除，分切成3片。

★切除的蛋糕保留下來作蛋糕屑裝飾。

蛋糕片（刷上酒糖液）

1/3 檸檬乳酪奶油餡

4　組合蛋糕夾層（層次堆疊參考右圖）。

5　把剩下的純白乳酪奶油餡抹在蛋糕表面，抹畫出不規則螺旋紋。

6　作法3切除的蛋糕邊用篩網過濾成蛋糕屑。（a）

7　將蛋糕屑灑在檸檬乳酪奶油餡上裝飾。（b）

抹茶歐貝拉

材料

6吋抹茶海綿蛋糕 1個
蛋糕用酒糖液 .... 25克（作法詳P19）
抹茶奶油霜
　｜　基礎奶油霜 ...... 配方1份（作法詳P21）
抹茶醬
　｜　抹茶粉 5克
　｜　細砂糖 5克
　｜　熱水 20克
夾心
　｜　覆盆子果醬 .... 30克（作法詳P15）
抹茶鏡面
　｜　動物性鮮奶油 120克
　｜　水 30克
　｜　細砂糖 20克
　｜　抹茶粉 5克
　｜　吉利丁 8克
　｜　飲用水 40克
　｜　白巧克力 110克
　｜（可可成分30～35%）

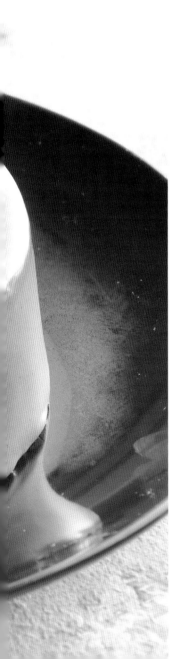

作法

1　製作抹茶海綿蛋糕，材料、作法詳 P34。

2　製作抹茶鏡面

白巧克力放入鋼盆備用。

吉利丁粉加入飲用水拌勻，還原成吉利丁粉凍。

抹茶粉過篩，加入細砂糖拌勻。

倒入白巧克力鍋燜 1 分鐘，以橡皮刮刀拌到白巧克力完全融化有光澤感，過濾。

繼續加熱至煮沸，放入吉利丁粉凍，攪拌到完全融化，關火。

動物性鮮奶油倒入水加熱至 50℃，沖入作法 3 的抹茶粉拌勻，倒回煮鍋。

置於冰箱冷藏，靜置一晚或至少 3 小時。

3　製作抹茶奶油霜

➡ 將抹茶粉與熱水調勻，使用茶濾網篩過濾。

➡ 基礎奶油霜與抹茶醬拌勻即可。

4　抹茶海綿蛋糕切成 4 片。

5　組合蛋糕夾層（層次堆疊參考右圖）。

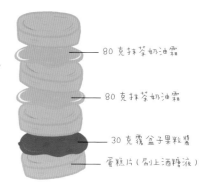

80 克抹茶奶油霜

80 克抹茶奶油霜

30 克覆盆子果粒醬

蛋糕片（刷上酒糖液）

6　用抹茶奶油霜，參照 P22 蛋糕抹面作法 5 ～ 10，完成蛋糕抹面。

7　放入冷藏冰鎮約半小時。

8　將抹茶鏡面，用微波爐加熱融化，待降溫至 30℃，均勻淋在蛋糕表面
　　★ 若沒有微波爐，可用隔水加熱的方式來融化。

9　單手托住蛋糕，持抹刀將蛋糕底部多餘的鏡面，由外往內刮除，即完成抹茶歐貝拉。

淋上鏡面的步驟

鏡面蛋糕需要的技巧性較高，從調整成適當的溫度至淋在蛋糕上都非初學者可以馬上上手的，但只要多練習幾次一定可以做出漂亮的鏡面蛋糕唷！

將鏡面用微波爐加熱融化。　　準備一個鋼盆，上面架上網架，將蛋糕放在網架上，待鏡面降溫至 30℃，將之均勻淋在蛋糕表面。

單手托住蛋糕，持抹刀將蛋糕底部多餘的鏡面，由外往內刮除，即完成。　　利用抹刀拿起蛋糕。

巧克力開心果花園

材料

6吋巧克力海綿蛋糕..........................1個

玫瑰酒糖液

| 酒糖液...25 克

| 玫瑰水.......................................0.5 克

開心果奶油霜

| 基礎奶油霜 ....配方 1/2 份
（作法詳 P21）

| 開心果醬.....................................20 克

| 檸檬汁 ....3 克

| 香橙酒...3 克

巧克力奶油霜

| 基礎奶油霜 ....配方 1/2 份

| 60%～70%黑巧克力.............55 克

裝飾

| 玫瑰花瓣 .... 適量

| 防潮可可粉 .... 適量

作法

1　製作巧克力海綿蛋糕，材料、作法詳 P34。

2　製作開心果奶油霜，基礎奶油霜加入開心果醬、檸檬汁及香橙酒拌勻。

3　製作巧克力奶油霜，將巧克力以微波爐加熱至融化，自然降溫至體感溫度，再與基礎奶油霜拌勻。

　　★ 若沒有微波爐可用隔水加熱的方式來融化。

4　巧克力海綿蛋糕分切成 3 片。

5　組合蛋糕夾層（層次堆疊參考右圖）。

6　用巧克力奶油霜，參照 P22 蛋糕抹面作法 5～10，完成蛋糕抹面。

7　以抹刀在蛋糕表面自由抹畫螺旋紋飾，再以玫瑰花瓣與防潮可可粉裝飾。

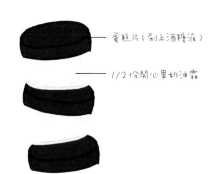

蛋糕片（刷上酒糖液）

1/2 份開心果奶油霜

慶典水果

材料

6吋基礎海綿蛋糕 1個
蛋糕用酒糖液 ....25克 （作法詳P19）
卡士達鮮奶油香緹
   卡士達醬 .... 配方1/2份（作法詳P19）
   動物性鮮奶油 75克
   細砂糖 5克
義大利蛋白霜
   蛋白 100克
   細砂糖(A)..20克
   水 60克
   細砂糖(B)..200克
夾心
   草莓 ....3～5個
   香蕉 1根
   奇異果 1/2個
裝飾
   無花果 2個
   水蜜桃 1個
   覆盆子 3個
   藍莓 ....適量
   紅醋栗 1串

作法

1　製作基礎海綿蛋糕，材料、作法詳P32。

2　製作鮮奶油香緹，將動物性鮮奶油和細砂糖混合打發至7分發（詳細作法可參考P20）。

3　製作卡士達鮮奶油香緹，將完全冷卻的卡士達醬拌軟，分次加入鮮奶油香緹拌勻，冷藏備用。

4　基礎海綿蛋糕分切成3片。

5 夾心用的草莓、香蕉和奇異果切丁。

6 組合蛋糕夾層（層次堆疊參考右圖），完成後，放入冷藏保存備用。

7 製作義大利蛋白霜。

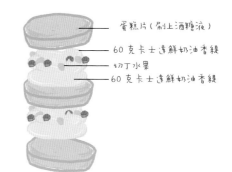

蛋糕片（刷上酒糖液）
60克卡士達鮮奶油香緹
切丁水果
60克卡士達鮮奶油香緹

將水、細砂糖(A)放入煮鍋，煮至 119～121℃。

當細砂糖水加熱至 100℃時，開始將冷藏蛋白和細砂糖(A)，放入鋼盆（或攪拌鋼）以中速打至硬挺。

細砂糖水的溫度到達 119～121℃時，關火，將煮好糖漿慢慢倒入打發蛋白中 以中慢速攪拌。

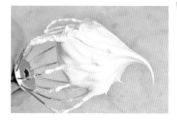

攪拌均勻後，轉高速打發，中途改成中速，續打發降至微溫，拉起呈質地細緻、光澤的彎鉤狀。

8　以義式蛋白霜，參照 P22 蛋糕抹面作法 5 ～ 10，完成蛋糕抹面。（a）

9　在蛋糕表面，以星型多齒花嘴擠上螺旋擠花（b），再用噴槍將蛋糕表面烤出美麗
　　古典的焦色。（c）

10　裝飾各種時令水果即完成！

陽光香橙

材料

全蛋（室溫）	130克
細砂糖	75克
鹽	少許
蜂蜜	7克
香草豆莢醬	適量
香橙汁	10克
香橙酒	4克
香橙皮屑	1個
低筋麵粉	105克
杏仁粉	18克
無鹽奶油	100克

作法

1　準備6吋慕斯框1個，用烘焙紙與錫箔紙，將其中一面覆蓋起來，內側用冷藏奶油塗抹均勻，貼上杏仁片（a），底部鋪上糖漬香橙片6〜7片（b）。

2　低筋麵粉過篩，加入杏仁粉拌勻。

3　無鹽奶油用微波爐加熱至融化（80〜90℃），並以50〜60℃保溫備用。

★ 若無微波爐，可用隔水加熱的方式來融化。

a

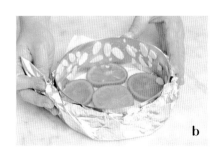
b

4　將全蛋、細砂糖、鹽、蜂蜜及香草
　　豆莢醬，以打蛋器混拌，隔水加熱
　　至 28 ～ 35℃。

5　使用電動手持攪拌器或攪拌鋼快速
　　打發至蛋糊反白，表面有明顯紋
　　路，改以中～低速攪拌約 3 ～ 5 分
　　鐘，讓蛋糊更加細緻光澤，舀起蛋
　　糊如緞帶般流下，紋路不易消失。

6　倒入香橙汁、香橙酒及香橙皮屑
　　（ｃ），將低筋麵粉和杏仁粉再次
　　過篩到蛋糊表面。

7　用橡皮刮刀，由 1 點鐘方向順著鋼
　　盆底部滑到 7 點鐘方向，將底部麵
　　糊輕柔翻轉至中心點，另一手以逆
　　時針方向轉動鋼盆， 攪拌約 40 下
　　至無粉粒狀。（ｄ）

8　將 1/3 的麵糊與融化奶油拌勻，再
　　倒回麵糊中，以相同手法，輕柔翻
　　轉攪拌約 20 ～ 25 下，至看不見油
　　紋。（ｅ）

9　將準備好的作法 1 先放置在烤盤
　　上，再倒入完成的麵糊。（ｆ）

10 送入烤箱，以上火 170 ～ 180℃，
　　下火 160℃烤約 25 ～ 30 分鐘，竹
　　籤穿刺不沾黏，輕拍蛋糕表面有彈
　　性即可出爐，朝桌面輕敲一下，準
　　備脫模。

　　★ 若家中為單一溫度烤箱，則以
　　170 ～ 180℃ 來烤焙。

Sponge Cake & Butter cake

11 脱模

蓋上蛋糕金盤。

反轉倒扣。

如有沾黏，可用脫模刀刮
除沾黏部份。

移除錫箔紙與烤焙紙。

脫模待冷卻後即完成。

奶油水果杯子蛋糕

材料

基礎奶油杯子蛋糕

全蛋（室溫）	140 克
細砂糖	85 克
鹽	少許
蜂蜜	8 克
香草豆莢醬	適量
蘭姆酒	8 克
檸檬汁	8 克
低筋麵粉	125 克
無鹽奶油	120 克

基礎奶油霜 .... 配方 1 份（作法詳 P21）

夾心

草莓紅醋栗果粒醬（或藍莓果粒醬）
.....................30 克（作法詳 P15）

基礎卡士達醬 ....120 ～ 150 克
（作法詳 P19）

裝飾

時令水果 .... 適量
（藍莓、水蜜桃、覆盆子、糖漬香
橙片等）

作法

1　參考 P36 基礎奶油蛋糕作法，製作基礎奶油杯子蛋糕，使用 4.7x3.7 公分規格
杯子蛋糕紙，約可製作 10 個杯子蛋糕。

2　將杯子蛋糕紙放入錫箔紙杯內。
★ 也可用 12 連布丁模。

3　用平口花嘴擠花袋裝填麵糊，擠入杯子蛋糕杯，約 9 分滿，一個約 40 ～ 50 克。

4　送入已預熱的烤箱，以上火 170 ～ 180℃ / 下火 160℃，烘烤約 25 分鐘，以竹
籤穿刺不沾黏，輕拍蛋糕表面有彈性，出爐，待涼。
★ 若使用單一溫度烤箱，以 170 ～ 180℃ 烘烤。

5　以挖球器將冷卻杯子蛋糕中心挖空，填上草莓紅醋栗果粒醬或藍莓果醬與卡士
達醬。

6　蛋糕表面擠上奶油擠花，並以時令水果、糖漬香橙裝飾。

生日快樂蛋糕

材料

6 吋基礎奶油蛋糕 ....1 個
基礎奶油霜 .... 配方 1 份 (作法詳 P21)
基礎卡士達醬 .... 配方 1/2 份 (作法詳 P19)
藍莓果粒醬 ....20 ～ 30 克 (作法詳 P14)
裝飾
   | 覆盆子 ....20 ～ 22 個
   | 草莓 ....5 個

作法

1 製作基礎奶油蛋糕，材料、作法詳 P36。

2 在蛋糕周圍抹一層薄薄的奶油霜。

3 玫瑰花嘴裝入擠花袋，填入奶油霜，由下往上延著蛋糕周圍擠出寬條紋奶油。

4 以 1 公分圓形平口花嘴，在蛋糕上方擠小珍珠奶油擠花裝飾。

5 蛋糕表面中央抹上藍莓果粒醬。

6 再把卡士達醬擠在中間，呈高度約 2 ～ 3 公分微高小尖塔。

7 以覆盆子及草莓裝飾。

秋日浪漫

材料

6吋基礎奶油蛋糕 1個
基礎奶油霜 ....配方1份（作法詳P21）
蛋糕用酒糖液 ....30克（作法詳P19）
藍莓果粒醬 ....60克（作法詳P14）
裝飾
  無花果 3顆
  黑莓 ....3～5顆
  藍莓 ....6～8顆

作法

1 製作基礎奶油蛋糕，材料、作法詳P36。

2 基礎奶油蛋糕分切成3片。

3 組合蛋糕夾層（層次堆疊參考下圖）。

4 參照P22蛋糕抹面作法5～10，以奶油霜完成蛋糕抹面。

5 在蛋糕表面以黑莓、無花果與藍莓裝飾。

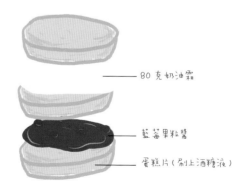

80克奶油霜

藍莓果粒醬

蛋糕片（刷上酒糖液）

粉紅酸甜莓果

材料

6吋基礎奶油蛋糕 1個
蛋糕用酒糖液 .... 30 克（作法詳 P19）
覆盆子奶油霜
   基礎奶油霜 .... 配方 1 份（作法詳 P21）
   覆盆子果粒醬 .... 80 克
   粉紅食用色素 .... 適量
檸檬糖霜
   奶油乳酪 .... 20 克
   糖粉 .... 150 克
   檸檬汁 .... 30 克
裝飾
   覆盆子 .... 適量
   黑莓 .... 適量
   草莓 .... 適量
   白醋栗串 .... 適量

作法

1　製作基礎奶油蛋糕，材料、作法詳 P36。

2　基礎奶油蛋糕分切成 2 片。

3　將基礎奶油霜加入已過濾果粒的覆盆子果粒醬和粉紅食用色素，攪拌均勻。

4　組合蛋糕夾層（層次堆疊參考右圖）。

5　參照 P22 蛋糕抹面作法 5 ～ 10，以覆盆子奶油霜完成蛋糕抹面。

6　製作檸檬糖霜，將奶油乳酪拌軟，加入過篩糖粉、檸檬汁，拌勻。

7　將檸檬糖霜淋在蛋糕表面，以各種野莓點綴裝飾。

蛋糕片（刷上酒糖液）

80 克覆盆子奶油霜

歡樂西西里

材料

6 吋開心果奶油蛋糕 1 個

全蛋	....	110 克
細砂糖	....	65 克
鹽	....	少許
香草豆莢醬	....	適量
蘭姆酒	....	7 克
檸檬汁	....	3 克
低筋麵粉	....	75 克
杏仁粉	....	15 克
開心果碎	....	20 克
無鹽奶油	....	90 克
蛋糕用酒糖液	..... 30 克	(作法詳 P19)

開心果奶油霜

基礎奶油霜	.. 配方 1 份	(作法詳 P21)
開心果醬	....	45 克
檸檬汁	....	8 克
香橙酒或蘭姆酒	....	5 克

裝飾

開心果碎	....	80 克
玫瑰花瓣	....	適量

作法

1　準備 1 個 6 吋慕斯框，將其中一面用烘焙紙與錫箔紙包好。

2　低筋麵粉過篩，加入杏仁粉拌勻。

3　無鹽奶油隔水加熱融化（80 ～ 90℃），並以 50 ～ 60℃保溫備用。
　　★ 奶油也可用微波爐加熱融化。

4　將全蛋、細砂糖、鹽、蜂蜜、香草豆莢醬，以打蛋器混拌，隔水加熱至 35℃。

5　使用電動手持攪拌器或攪拌鋼快速打發至蛋糊反白，表面有明顯紋路，改以中～
　　低速攪拌約 3 ～ 5 分鐘，讓蛋糊更加細緻光澤，舀起蛋糊如緞帶般流下，紋路
　　不易消失。

6　倒入蘭姆酒和檸檬汁，將低筋麵粉和杏仁粉再次過篩到蛋糊表面。

7　以橡皮刮刀，由 1 點鐘方向順著鋼盆底部滑到 7 點鐘方向，將底部麵糊輕柔翻
　　轉至中心點，另一手以逆時針方向轉動鋼盆，攪拌約 40 下至無粉粒狀。

8　取 1/3 的麵糊與融化奶油拌勻，再倒回麵糊中，加入開心果碎，以相同手法輕
　　柔翻轉拌勻約 20 ～ 25 下，至看不見油紋。

9　將準備好的慕斯框放置在烤盤上，再倒入完成的麵糊。

10　送入烤箱，以上火 170 ～ 180℃，下火 160℃烤約 30 分鐘，竹籤穿刺不沾黏，
　　輕拍蛋糕表面有彈性即可出爐，輕敲，倒扣在網架，放涼即完成開心果奶油蛋
　　糕。
　　★ 若家中為單一溫度烤箱，則以 170 ～ 180℃ 來烤焙。

11　將開心果奶油霜的材料拌勻，即為開心果奶油霜。

12　開心果奶油蛋糕分切成 3 片。

13　組合蛋糕夾層（層次堆疊參考右圖）。

14　以開心果奶油霜，參照 P22 蛋糕抹面作法 5 ～
　　10，完成蛋糕抹面。

15　將開心果碎貼覆在蛋糕表面，再以玫瑰花瓣與防
　　潮糖粉裝飾。

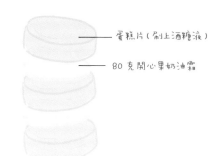

———— 蛋糕片（刷上酒糖液）

———— 80 克開心果奶油霜

開心果與杏仁的組合
少了甜膩，多了一點
成熟的風味。

小惡魔檸檬糖霜蛋糕

材料

6 吋檸檬奶油蛋糕 1 個

全蛋（室溫）.....................140克
細砂糖 85克
鹽..少許
蜂蜜 8克
香草豆莢醬 ....適量
蘭姆酒 8克
檸檬汁 8克
糖漬檸檬片（作法詳P17）..20克
低筋麵粉.............................125克
無鹽奶油.............................120克

檸檬糖霜

純糖粉 ....250 克
百香果汁 20克
水..20克
香橙酒...................................10克
香草薄荷 ....適量

作法

1　製作檸檬奶油蛋糕，參考 P36 基礎奶油蛋糕作法，於作法 9 麵糊完成時，添加
已切丁的糖漬檸檬片混拌，再放入烤箱烘烤。
★ 糖漬檸檬丁可用 1 顆量的黃檸檬皮屑替代。

2　製作檸檬糖霜

將純糖粉過篩　　　　加入百香果汁　　　　水及橙酒拌勻，拌至需要
的流動性即可。

3　將檸檬糖霜淋在蛋糕表面，等待糖霜風乾才能開吃，虐心等級堪稱小惡魔。

紫羅蘭

材料

6 吋巧克力奶油蛋糕 1 個

全蛋（室溫）.................................140 克	
細砂糖...85 克	
鹽.. 少許	
蜂蜜...8 克	
香草豆莢醬.................................... 適量	
蘭姆酒...15 克	
低筋麵粉..110 克	
可可粉...15 克	
無鹽奶油..120 克	

紫羅蘭糖霜

糖粉..200 克	
黑醋栗果泥（或黑莓果泥）.........40 克	
飲用水...10 克	
香橙酒...18 克	
開心果碎.. 適量	
食用花.. 適量	

作法

1　準備 6 吋活動蛋糕烤模 1 個，底部放一張圓形不沾烤
　　焙紙。

　　★ 內側不需塗油，避免殘留水滴。

2　低筋麵粉過篩。

3　無鹽奶油隔水加熱至融化（80 ～ 90℃），並以
　　50 ～ 60℃保溫備用。

　　★ 奶油也可用微波爐加熱融化。

4 可可粉過篩到小鋼盆備用。

5 將全蛋、細砂糖、鹽、蜂蜜、香草豆莢醬，隔水加熱。

6 使用電動手持攪拌器或攪拌鋼快速打發至蛋糕反白，表面有明顯紋路，改以中或低速攪拌約 3～5 分鐘，讓蛋糕更加細緻光澤，舀起蛋糕如緞帶般流下，紋路不易消失。

7 加入蘭姆酒，將低筋麵粉再次過篩到蛋糕表面。

8 用橡皮刮刀，由 1 點鐘方向順著鋼盆底部滑到 7 點鐘方向，將底部麵糊輕柔翻轉至中心點，另一手以逆時針方向轉動鋼盆，攪拌至無粉粒。
　★ 前後約須攪拌 40 下。

9 將作法 3 的融化奶油與作法 4 的可可粉（a），混合拌成可可奶油。（b）

10 將 1/3 的麵糊與可可奶油拌勻，再倒回麵糊裡（c），以相同手法，輕柔翻轉拌勻，至看不見油紋。
　★ 前後約須攪拌 20～25 下。

11 將完成的麵糊倒入蛋糕模。

12 送入烤箱，以上火 170～180℃，下火 160℃烤約 35～40 分鐘，竹籤穿刺不沾黏，輕拍蛋糕表面有彈性即可出爐，輕敲，倒扣在網架，放涼備用。
　★ 若家中為單一溫度烤箱，則以 170～180℃ 來烤焙。

13 製作紫羅蘭糖霜：將糖粉過篩，加入黑醋栗果泥、飲用水、香橙酒，拌勻。

14 將紫羅蘭糖霜淋在已脫模且完全冷卻的蛋糕表面，灑上開心果碎與食用花裝飾。

巧克力蛋糕體加入些許蘭姆酒，
搭配帶有香橙酒香的紫羅蘭糖霜，
屬於大人的微醺滋味。

PART 3

香甜清爽多層次
可麗餅千層、乳酪蛋糕
與慕斯蛋糕

Mille Crepes、
Cheese cake & Mousse

水果千層可麗餅

材料

基礎可麗餅	配方 1 份
瑪斯卡邦鮮奶油香緹	
動物性鮮奶油	500 克
瑪斯卡邦乳酪	50 克
細砂糖	55 克
夾心	
奇異果	1 個
芒果	1 個
草莓	8 個
裝飾	
紅醋栗串	適量

作法

1　製作基礎可麗餅，材料、作法詳 P38。

2　製作瑪斯卡邦鮮奶油香緹：混合所有材料，打發至 7 分發，放入冰箱冷藏備用。

3　奇異果、芒果及草莓切成厚約 0.5 公分的片狀

4　將一片厚約 1 公分的 6 吋海綿蛋糕，以粗網篩過篩成蛋糕屑備用。

5　取一張保鮮膜，貼覆在轉台上，放上一片可麗餅。

6　組合可麗餅千層（層次堆疊參考右圖）

7　可麗餅週圍抹上瑪斯卡邦鮮奶油香緹、貼蛋糕屑，表面擠上鮮奶油擠花、擺上紅醋栗串裝飾。

8　保鮮膜連同千層可麗餅一同移到蛋糕金盤，放入冷藏冰鎮後享用。

★ 千層蛋糕也可以做好時直接享用，但冰鎮過後更美味嘻！

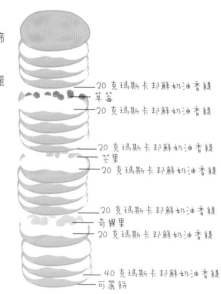

20 克瑪斯卡邦鮮奶油香緹
草莓
20 克瑪斯卡邦鮮奶油香緹

20 克瑪斯卡邦鮮奶油香緹
芒果
20 克瑪斯卡邦鮮奶油香緹

20 克瑪斯卡邦鮮奶油香緹
奇異果
20 克瑪斯卡邦鮮奶油香緹

40 克瑪斯卡邦鮮奶油香緹
可麗餅

提拉米蘇千層可麗餅

材料

巧克力可麗餅

| 低筋麵粉 ....120 克 |
| 可可粉 ....10 克 |
| 細砂糖 .... 45 克 |
| 全蛋（室溫）................... 250 克 |
| 牛奶 ....430 克 |
| 無鹽奶油 ....35 克 |

瑪斯卡邦鮮奶油香緹

| 動物性鮮奶油 ....450 克 |
| 瑪斯卡邦乳酪 ....50 克 |
| 細砂糖 ....55 克 |

夾心

| 6吋巧克力海綿蛋糕 ..1 片（1 公分厚）|

咖啡酒糖液

| 即溶咖啡粉 ....0.3 克 |
| 熱水 ....8 克 |
| 細砂糖 ....10 克 |
| 咖啡酒（或蘭姆酒）..................... 5 克 |

裝飾

| 防潮可可粉 ....適量 |

作法

1　製作巧克力可麗餅，作法同 P38 基礎可麗餅，可可粉與低筋麵粉一起過篩放入。

2　混合瑪斯卡邦鮮奶油香緹所有材料，打發至 7 分，放入冰箱冷藏備用。

3　製作咖啡酒糖液，即溶咖啡粉加入細砂糖拌勻，倒入熱水調成咖啡液，最後加入咖啡酒（或蘭姆酒）調味。

4　取一張保鮮膜，貼覆在轉台上，放上一片巧克力可麗餅。

5　組合巧克力可麗餅（層次堆疊參考右圖）。

6　將剩餘瑪斯卡邦鮮奶油抹在蛋糕表面，灑上防潮可可粉裝飾。

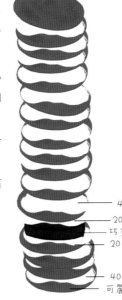

40 克瑪斯卡邦鮮奶油香緹
20 克瑪斯卡邦鮮奶油香緹
巧克力海綿蛋糕（刷上咖啡酒糖液）
20 克瑪斯卡邦鮮奶油香緹
40 克瑪斯卡邦鮮奶油香緹
可麗餅

蜜桃可麗餅

材料

基礎可麗餅 配方1份
瑪斯卡邦鮮奶油香緹
  │ 動物性鮮奶油 450克
  │ 瑪斯卡邦乳酪 50克
  │ 細砂糖 55克
夾心
  │ 水蜜桃（中大）.................1～2顆
裝飾
  │ 水蜜桃 ....適量

作法

1　製作基礎可麗餅，作法、材料詳 P38。

2　混合瑪斯卡邦鮮奶油香緹所有材料，打至7分發，放入冰箱冷藏備用。

3　夾心水蜜桃切厚約 0.5 公分大丁；裝飾水蜜桃切厚片。

4　取一張保鮮膜，貼覆在轉台上，放上一片可麗餅。

5　組合可麗餅（層次堆疊參考右圖）。

6　以水蜜桃、鮮奶油香緹及莓果裝飾即可。

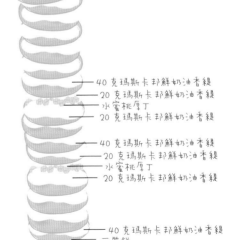

40 克瑪斯卡邦鮮奶油香緹
20 克瑪斯卡邦鮮奶油香緹
水蜜桃厚丁
20 克瑪斯卡邦鮮奶油香緹
40 克瑪斯卡邦鮮奶油香緹
20 克瑪斯卡邦鮮奶油香緹
水蜜桃厚丁
20 克瑪斯卡邦鮮奶油香緹
40 克瑪斯卡邦鮮奶油香緹
可麗餅

日式麻糬千層可麗餅

材料

抹茶可麗餅

低筋麵粉 ....120 克

抹茶粉 ....10 克

細砂糖 ....45 克

全蛋（室溫）........................250 克

牛奶 ....430 克

發酵奶油 ....35 克

瑪斯卡邦鮮奶油香緹

動物性鮮奶油 ....450 克

瑪斯卡邦乳酪 ....50 克

細砂糖 ....55 克

大福麻糬皮.............................1 片

卡士達紅豆餡

基礎卡士達醬 ....120 克

低糖紅豆粒餡 ....200 克

蘭姆酒 .... 適量

作法

1　製作抹茶可麗餅，作法同 P38 基礎可麗餅，抹茶粉與低筋麵粉一起過篩加入。

2　混合瑪斯卡邦鮮奶油香緹所有材料，打發至 7 分，放入冰箱冷藏備用。

3　製作卡士達紅豆餡：卡士達醬先拌軟，再加入低糖紅豆粒餡和蘭姆酒拌勻。

4　取一張保鮮膜，貼覆在轉台上，放上一片抹茶可麗餅。

5　組合可麗餅（層次堆疊參考右圖）。

6　可灑上些許抹茶粉（分量外）裝飾。

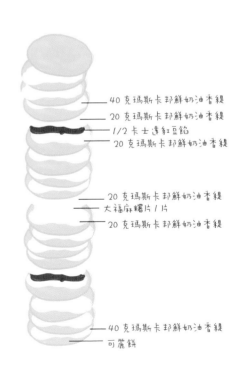

40 克瑪斯卡邦鮮奶油香緹
20 克瑪斯卡邦鮮奶油香緹
1/2 卡士達紅豆餡
20 克瑪斯卡邦鮮奶油香緹

20 克瑪斯卡邦鮮奶油香緹
大福麻糬片 1 片
20 克瑪斯卡邦鮮奶油香緹

40 克瑪斯卡邦鮮奶油香緹
可麗餅

無花果野莓乳酪

材料

餅乾底座
| 消化餅乾 ....90 克
| 無鹽奶油 ....30 克

莓果乳酪糊
| 奶油乳酪 ....240 克
| 酸奶（或優格）.................45 克
| 細砂糖 ....45 克
| 全蛋 ....90 克
| 藍莓果泥 ....18 克

覆盆子果泥 ....10 克
檸檬汁 ....5 克
香橙酒 ....5 克

夾心
| 紅酒無花果 ....60～80 克
| （作法詳 P18）

裝飾
| 新鮮無花果 ....適量

作法

1　準備 6 吋慕斯框 1 個，用烘焙紙與 2 層錫箔紙（a），覆蓋其中一面（b）。內側塗抹冷藏奶油。

★ 慕斯框內側務必塗上一層薄薄的奶油，以方便後續脫模。

2　餅乾底座：將奶油隔水加熱融化，消化餅乾用調理機打碎，倒入融化奶油，拌合均勻（c）。

★ 若家中有微波爐，也可將奶油放入微波爐加熱融化；若家中沒有調理機，也可以將消化餅乾放入較厚的袋子以擀麵棍敲碎。

3　將餅乾底座平鋪在包好的慕斯框底部，以湯匙反面壓平（d），放入冷凍冰硬。

4　製作莓果乳酪糊：已置於室溫回軟的奶油乳酪、細砂糖以橡皮刮刀拌軟，依序加入酸奶、全蛋、藍莓果泥、覆盆子果泥、檸檬汁及香橙酒拌勻。

5　取慕斯框，放在烤盤上，倒入 180 克乳酪麵糊，鋪上紅酒無花果，蓋上剩餘乳酪麵糊，整平。

6　烤盤倒入約 1 公分高度的冰水，以上火 160/ 下火 140℃烤約 40 ～ 50 分鐘，關火、續燜 10 ～ 15 分鐘，出爐冷卻，放入冰箱冷藏一晚。

7　取出裝飾上無花果即可享用。

Mille Crepes、cheesecake、mousse

抹茶蜜桃乳酪

材料

餅乾底座
| 消化餅乾 | 90 克 |
| 無鹽奶油 | 30 克 |

抹茶乳酪
奶油乳酪	300 克
細砂糖 (A)	35 克
蛋黃	50 克
玉米粉	10 克
抹茶粉	10 克
抹茶酒	5 克
蛋白	60 克
細砂糖 (B)	20 克

夾心
| 蜜桃果粒醬 | 60 克 |
（作法詳 P16）

裝飾
| 水蜜桃 | 1 個 |
| 新鮮無花果 | 2 個 |

作法

1 準備 6 吋慕斯框 1 個，用烘焙紙與錫箔紙，覆蓋其中一面，內側塗抹冷藏奶油。
★ 慕斯框內側務必塗上一層薄薄的奶油，以方便後續脫模。

2 餅乾底座：將奶油隔水加熱融化，消化餅乾用調理機打碎，倒入融化奶油，拌合均勻。
★ 若家中有微波爐，也可將奶油放入微波爐加熱融化；若家中沒有調理機，也可以將消化餅乾放入較厚的袋子以擀麵棍敲碎。

3 將餅乾底座平鋪在包好的慕斯框底部，以湯匙反面壓平，放入冷凍冰硬。

4 製作抹茶乳酪蛋糕
➡ 奶油乳酪、細砂糖 (A) 以橡皮刮刀拌軟，依序加入蛋黃、玉米粉、抹茶粉、抹茶酒拌勻。
➡ 將蛋白打發至粗泡，加入細砂糖 (B)，打至濕性發泡。
➡ 取 1/2 的蛋白霜加入乳酪麵糊，以打蛋器輕拌，再加入剩餘蛋白霜，利用橡皮刮刀拌勻。

5 取出慕斯框，放在烤盤上，倒入 150 克乳酪麵糊，鋪上已瀝乾多餘水分的蜜桃果粒醬，蓋上剩餘乳酪麵糊，整平。

6 放入烤箱，以上火 200/ 下火 160℃烤 15 ～ 20 分鐘，待表面微上色，降溫上火 180℃ / 下火 160℃，續烤 10 分鐘，關火，燜 5 ～ 10 分鐘，出爐冷卻，放入冰箱冷藏一晚。

7 將裝飾水果切成適當大小擺上，即可享用。

金黃乳酪燒番薯

材料

Granola 巧克力麥片底座

| Granola巧克力麥片 ....100 克
| （作法詳 P155）
| 無鹽奶油 ....10～15 克

瑪斯卡邦乳酪

| 奶油乳酪 ....125 克
| 細砂糖 ....30 克
| 瑪斯卡邦乳酪 ....135 克
| 玉米粉 ....11 克

| 牛奶 ....25 克
| 動物性鮮奶油 ....15 克

夾心

| 烤地瓜 ....150 克

其他

| 蛋黃 ....1 個

作法

1　準備 6 吋慕斯框 1 個，用烘焙紙與 2 層錫箔紙，覆蓋其中一面，內側塗抹冷藏奶油。

★ 慕斯框內側務必塗上一層薄薄的奶油，以方便後續脫模。

2　Granola 巧克力麥片加入融化奶油拌勻，平鋪在準備好的作法 1，以湯匙反面壓平，放入冷凍庫冰硬。

3　製作瑪斯卡邦乳酪：已置於室溫回軟的奶油乳酪、細砂糖以橡皮刮刀拌軟，依序加入瑪斯卡邦乳酪、玉米粉、牛奶及動物鮮奶油拌勻。

4　取出慕斯框，放在烤盤上，倒入 1/2 乳酪麵糊，鋪上烤地瓜餡，再蓋上剩餘乳酪麵糊，整平，放入冰箱冷凍約 20 分鐘。

5　取出，蛋糕表面塗上蛋黃液，烤盤下方再多墊一個烤盤，以上火 240℃ / 下火 160℃， 烤約 20～25 分鐘，關火，續燜 5～10 分鐘，出爐放涼，放入冰箱冷藏一晚。

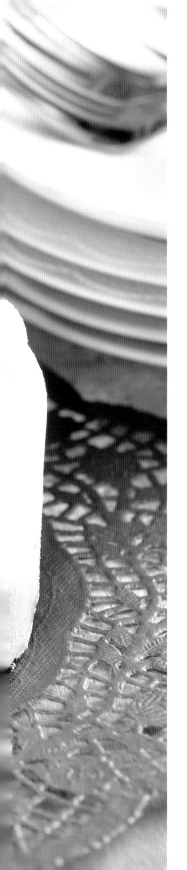

紅豆提拉米蘇慕斯

材料

6吋巧克力海綿蛋糕片 ....1 片
（1 公分厚，作法詳 P32）

安格列斯醬

| 牛奶 ....140 克
| 細砂糖 ....60 克
| 香草豆莢 ....1/4 根
| 蛋黃 ....55 克

紅豆提拉米蘇

| 安格列斯醬 ....65 克
| 瑪斯卡邦乳酪 ....110 克
| 咖啡酒 ....5 克
| 吉利丁 ....4 克
| 飲用水 ....20 克
| 動物性鮮奶油 ....95 克
| 低糖紅豆粒 ....45 克

巧克力慕斯

| 苦甜巧克力 ....55 克
（可可成分 60～70%）

| 安格列斯醬 ....75 克
| 蘭姆酒 ....5 克
| 吉利丁 ....2 克
| 飲用水 ....5 克
| 動物性鮮奶油 ....110 克

作法

1　準備 1 片厚度約 1 公分的 6 吋巧克力海綿蛋糕。

2　取 6 吋慕斯框 1 個，以保鮮膜包覆其中一面，備用。

3　製作安格列斯醬

香草豆莢以小刀劃開上方豆莢表皮，利用刀子側面取出豆莢籽。

> 香草豆莢可用較好取得的香草精或濃縮香草莢醬取代，但建議還是以天然香草豆莢為主，風味較佳。

以雙手將香草豆莢仔與細砂糖混合為香草糖。

加入蛋黃以打蛋器拌勻。

轉中小火，以橡皮刮刀快速擦鍋底，加熱至濃稠有厚度，關火，過濾。

牛奶煮至鍋邊冒泡，分次沖入蛋黃鍋拌勻，再倒回煮鍋續煮。

4　製作紅豆提拉米蘇

吉利丁粉、飲用水拌勻，還原成吉利丁粉凍，使用前隔水加熱融化。

> 吉利丁粉凍也可直接放入微波爐加熱融化。

動物性鮮奶油打至 6～7 分，冷藏備用。

將安格列斯醬、咖啡酒及融化的吉利丁粉凍拌勻，降溫至 30℃以下。

分次加入發泡動物性鮮奶油，拌勻即可。

分次加入瑪斯卡邦乳酪拌勻。

5　取 2/3 紅豆提拉米蘇，倒入慕斯框，平均鋪上紅豆粒，倒入剩餘慕斯，冷凍冰硬。

6　製作巧克力慕斯

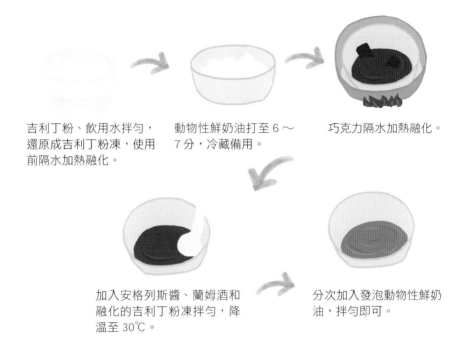

吉利丁粉、飲用水拌勻，
還原成吉利丁粉凍，使用
前隔水加熱融化。

動物性鮮奶油打至 6 ～
7 分，冷藏備用。

巧克力隔水加熱融化。

加入安格列斯醬、蘭姆酒和
融化的吉利丁粉凍拌勻，降
溫至 30℃。

分次加入發泡動物性鮮奶
油，拌勻即可。

7　將巧克力慕斯，倒入作法 5，放上蛋糕片，整平，冷凍 2 ～ 3 小時冰硬。

8　取出，有蛋糕片的一面朝下，撕開保鮮膜，用溫熱毛巾擦拭慕斯框，脫模。

9　擠上水滴鮮奶油擠花，擺上白巧克力裝飾片。

哈密瓜覆盆子慕斯

材料

6吋基礎海綿蛋糕片 ....2 片
（1 公分厚，作法詳 P32）

瑪斯卡邦哈密瓜慕斯

| 哈密瓜 ....110 克
| 細砂糖 ....18 克
| 檸檬汁 ....10 克
| 哈密瓜酒或甜白酒 ....10 克
| 吉利丁粉 ....5 克
| 飲用水 ....25 克
| 動物性鮮奶油 ....150 克

夾心

| 哈密瓜 ....80 克
| 覆盆子 ....5 個

裝飾

| 哈密瓜 ....20～25 球
| 覆盆子 ....3～5 個
| 鏡面果膠 ....適量

作法

1 取 2 片厚約 1 公分的 6 吋基礎海綿蛋糕，裁成 12 公分直徑大小。

2 夾心用哈密瓜切丁。

3 取 6 吋慕斯框 1 個，以保鮮膜包覆其中一面，放入 1 片蛋糕片，置於平盤上備用。

4 以挖球器挖取 20 ～ 25 球哈密瓜。
   ★ 若無挖球器可直接切小塊，或用湯匙挖半橢圓形。

5 製作哈密瓜慕斯 （請參考右頁插圖）。

6 取出作法 3 準備好的慕斯框，依序放入 150 克哈密瓜慕斯、哈密瓜丁、50 克
   哈密瓜慕斯、1 片蛋糕片、覆盆子、剩餘慕斯、整平，冷凍 2 ～ 3 小時冰硬。

7 取出，用溫熱毛巾擦拭慕斯框，脫模。

8 擺上雙色哈密瓜球及覆盆子裝飾。
   ★ 若無雙色哈密瓜也沒關係，單色一樣色香味俱全。

吉利丁粉、飲用水拌勻，還原成吉利丁粉凍，使用前隔水加熱融化。

動物性鮮奶油打至 6～7 分，冷藏備用。

哈密瓜、細砂糖、檸檬汁及哈密瓜酒放入調理機，打成哈密瓜果泥。

分次拌入打發的動物性鮮奶油，拌勻即可。

哈密瓜果泥加入融化的吉利丁粉凍拌勻，降溫至 30℃以下。

葡萄柚青蘋果初戀

材料

6 吋基礎海綿蛋糕片 ....1 片
（1 公分厚，作法詳 P32）

糖漬青蘋果丁 ....80 克
（作法詳 P16）

葡萄柚慕斯

　　葡萄柚果粒醬 ....145 克
　　（作法詳 P16）

　　吉利丁粉 ....5 克

　　飲用水 ....25 克

　　動物性鮮奶油 ....150 克

葡萄柚奇亞籽凝凍

　　葡萄柚果粒醬 ....85 克

　　奇亞籽 ....2 克

　　吉利丁粉 ....2.5 克

　　飲用水 ....12.5 克

裝飾

　　葡萄柚 ....1～2 顆

　　紅醋栗 ....1 小串

作法

1 取 1 片厚約 1 公分的 6 吋基礎海綿蛋糕，裁成 12 公分直徑大小。（a）

2 取 6 吋慕斯框 1 個，以保鮮膜包覆其中一面，放入 1 片蛋糕片，置於平盤上備用。

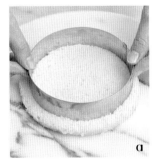

3 製作葡萄柚奇亞籽凝凍

吉利丁粉、飲用水拌勻，還原成吉利丁粉凍，使用前隔水（或微波爐）加熱融化。

準備 12 公分中空慕斯框 1 個，用保鮮膜包覆其中一面，放置平盤備用。

葡萄柚果粒醬加入奇亞籽和融化的吉利丁粉凍拌勻。

倒入準備好的 12 公分中空慕斯框，冷凍 1 小時冰硬。

4 製作葡萄柚慕斯

➡ 吉利丁粉、飲用水拌勻，還原成吉利丁粉凍，使用前隔水（或微波爐）加熱融化。

➡ 將動物性鮮奶油打發至 6 ～ 7 分發。（a）

➡ 葡萄柚果粒醬和融化的吉利丁粉凍混合拌勻。（b）

➡ 分次加入打發鮮奶油，拌勻即可。（c）

5   將 140 克葡萄柚慕斯倒入作法 2 準備好的慕斯框（d），以抹刀整平。（e）

6   再依序放上葡萄柚奇亞籽凝凍（f）（g）、100 克葡萄柚慕斯、糖漬青蘋果（h）、
    剩餘慕斯，整平，冷凍 2 ～ 3 小時冰硬。

7   取出，找一直徑較蛋糕小的高挑物品，將冷凍好的蛋糕放在上頭，輔助脫模。（i）

8   以溫熱毛巾擦拭慕斯框（j），脫模。（k）

9   將裝飾用的葡萄柚果肉取出，與紅醋栗一起擺在慕斯上裝飾

巧克力玫瑰情人

材料

6 吋巧克力海綿蛋糕片 ....1 片
（1 公分厚，作法詳 P34）

鮮奶油香緹 ....150～200 克
（作法詳 P20）

玫瑰草莓白巧克力慕斯

  白巧克力 ....30 克
  （可可成分 30～35%）

  草莓果泥 ....5 克

  草莓酒 ....5 克

  玫瑰水 ....適量

  檸檬汁 ....5 克

  紅色天然食用色素 ....適量

  吉利丁粉 ....2 克

  飲用水 ....10 克

  發泡動物性鮮奶油 ....80 克

芒果牛奶巧克力慕斯

  牛奶巧克力 ....40 克
  （可可成分 40～50%）

  芒果果泥 ....40 克

  吉利丁粉 ....2 克

  飲用水 ....10 克

  發泡動物性鮮奶油 ....100 克

苦甜巧克力慕斯

  苦甜巧克力 ....70 克
  （可可成分 60～70%）

  動物性鮮奶油 ....80 克

  吉利丁粉 ....1 克

  飲用水 ....5 克

  發泡動物性鮮奶油 ....100 克

夾心

  黑莓 ....適量

裝飾

  玫瑰花瓣 ....適量

作法

1　取 1 片厚約 1 公分的 6 吋巧克力海綿蛋糕，裁成 12 公分直徑大小。

2　取 6 吋慕斯框 1 個，以保鮮膜包覆其中一面。

3　製作草莓白巧克力慕斯

➡ 吉利丁粉、飲用水拌勻，還原成吉利丁粉凍，使用前隔水（或放入微波爐）加熱融化。

➡ 將動物性鮮奶油打發至 6～7 分發，冷藏備用；白巧克力隔水（或微波爐）加熱融化；草莓果泥加熱至微溫（約 40～45℃）。

➡ 混合溫草莓果泥、草莓酒、玫瑰水、檸檬汁、白巧克力及融化的吉利丁粉凍，拌勻後加入適量紅色食用色素，降溫至 30～32℃。

➡ 分次加入打發鮮奶油，拌勻。

4　將完成的草莓白巧克力慕斯倒入準備好的慕斯框，整平，放入冷凍冰硬。

5　參考草莓白巧克力慕斯作法，製作芒果牛奶巧克力慕斯，倒入已冰硬的作法 4，
　　再次放入冷凍冰硬。

6　同樣參考草莓白巧克力慕斯作法，製作苦甜巧克力慕斯。

7　將 1/2 的苦甜巧克力慕斯倒入作法 5，平鋪 4 顆黑莓，倒入剩餘苦甜巧克力慕斯
　　抹平，放上巧克力海綿蛋糕片，整平，放入冷凍 2 ～ 3 小時至冰硬。

8　取出，用溫熱毛巾擦拭慕斯框，脫模。

9　以基礎鮮奶油香緹，參照 P22 蛋糕抹面作法 5 ～ 10，完成蛋糕抹面。

10　切片， 妝點覆盆子或玫瑰花瓣。

草莓費雪

材料

6吋基礎海綿蛋糕片 ....2 片
（1 公分厚，作法詳 P32）

鮮奶油香緹（作法詳 P20）

  動物性鮮奶油 ....90 克

  細砂糖 ....8 克

乳酪慕斯

  奶油乳酪 ....90 克

  細砂糖 ....35 克

瑪斯卡邦乳酪 ....70 克

檸檬汁 ....5 克

香橙酒 ....5 克

吉利丁粉 ....5 克

飲用水 ....25 克

動物性鮮奶油 ....160 克

裝飾

  草莓 ....12 顆

作法

1　準備 2 片厚約 1 公分的 6 吋基礎海綿蛋糕。

2　取 6 吋慕斯框 1 個，以保鮮膜包覆其中一面，放入 1 片蛋糕片，置於平盤上備用。

3　製作乳酪慕斯

➡ 吉利丁粉、飲用水拌勻，還原成吉利丁粉凍，使用前隔水（或微波爐）加熱融化。

➡ 將動物性鮮奶油打發至 6 ～ 7 分發，冷藏備用。

➡ 奶油乳酪、細砂糖以橡皮刮刀拌軟。

➡ 依序加入瑪斯卡邦乳酪、檸檬汁、香橙酒與融化吉利丁粉凍拌勻。

➡ 分次拌入打發動物性鮮奶油，拌勻即可。

4　草莓切對半，切面朝外貼附在作法 2 準備好的慕斯框側邊。

5　保留 80 克乳酪慕斯，將其餘分量倒入慕斯框，整平，放上蛋糕片。

6　抹上 80 克乳酪慕斯，冷凍 1 小時。

★ 冰凍時間不宜太久，草莓容易凍傷。

7　取出，用溫熱毛巾擦拭慕斯框，脫模。

8　蛋糕表面用鮮奶油香緹擠花及草莓等水果裝飾。

水果優格慕斯

材料

6 吋巧克力海綿蛋糕片 .... 1 片
（1 公分厚，作法詳 P34）

優格乳酪慕斯

　　奶油乳酪 .... 55 克

　　細砂糖 .... 32 克

　　優格 .... 100 克

　　檸檬汁 .... 5 克

　　香橙酒 .... 5 克

　　吉利丁粉 .... 5 克

　　飲用水 .... 25 克

　　動物性鮮奶油 .... 110 克

檸檬果凍

　　水 .... 150 克

　　細砂糖 .... 15 克

　　檸檬汁 .... 5 克

　　香橙酒 .... 5 克

　　吉利丁粉 .... 5 克

　　飲用水 .... 20 克

裝飾

　　奇異果、香橙、檸檬、葡萄柚、
　　櫻桃及覆盆子等水果 .... 適量

作法

1. 準備 1 片厚約 1 公分的 6 吋巧克力海綿蛋糕。

2. 取 6 吋慕斯框 1 個，以保鮮膜包覆其中一面，放入蛋糕片，置於平盤上備用。

3. 製作優格乳酪慕斯

　　➡ 吉利丁粉、飲用水拌勻，還原成吉利丁粉凍，使用前隔水（或微波爐）加熱融化。

　　➡ 將動物性鮮奶油打發至 6 ～ 7 分發，冷藏備用

　　➡ 奶油乳酪、細砂糖以橡皮刮刀拌軟，依序加入優格、檸檬汁、香橙酒和融化的吉利丁粉凍拌勻。

　　➡ 分次拌入打發動物性鮮奶油，拌勻即可。

4. 將優格乳酪慕斯倒入準備好的慕斯框，整平，放入冷凍 1 ～ 2 小時至冰硬。

5. 製作檸檬果凍：吉利丁粉加入飲用水拌勻，還原成吉利丁粉凍，將水、細砂糖煮滾，加入檸檬汁和吉利丁粉凍，待完全融化後，關火，加香橙酒調味。

6. 待檸檬果凍冷卻後，先倒入 1/2 量的作法 5 至冰硬的優格乳酪慕斯表面，鋪上水果，冷凍 10 ～ 15 分鐘。

7. 待檸檬果凍冷卻固定，續倒入剩餘果凍液，冷藏，待表面凝結即可。

水果瘋慕斯

材料

6吋基礎海綿蛋糕片 2片
（1公分厚，作法詳 P32）

6吋巧克力海綿蛋糕片 1片
（1公分厚，作法詳 P34）

芒果瑪斯卡邦乳酪慕斯

| 奶油乳酪 50克

| 細砂糖 30克

| 瑪斯卡邦乳酪 150克

| 芒果果泥 60克

| 檸檬汁 5克

| 香橙酒 5克

| 吉利丁粉 5克

| 飲用水 25克

| 動物性鮮奶油........................140克

鮮奶油香緹

| 動物性鮮奶油 140克

| 砂糖 10克

夾心

| 覆盆子果粒醬 40克
| （作法詳 P15）

裝飾

| 草莓、香蕉、覆盆子、無花果及香
| 橙等水果 ....適量

作法

1　2片基礎海綿蛋糕裁成 12 公分直徑大小。

2　取 6 吋慕斯框 1 個，以保鮮膜包覆其中一面，放入巧克力蛋糕片，置於平盤上備用。

3　2 片基礎海綿蛋糕片單面抹上 20 克覆盆子果醬備用。（a）

a

4　製作芒果瑪斯卡邦乳酪慕斯

➡　吉利丁粉加入飲用水拌勻，還原成吉利丁粉凍，使用前隔水（或放入微波爐）加熱融化；將動物性鮮奶油打發至 6 ～ 7 分發，冷藏備用。

➡　奶油乳酪加入細砂糖以橡皮刮刀拌軟。（b）

➡　依序加入瑪斯卡邦乳酪、芒果果泥、檸檬汁、香橙酒與融化的吉利丁粉凍（c），拌勻。（d）

➡　分次拌入打發動物性鮮奶油，拌勻即可。（e）

5　取出作法 2 準備好的慕斯框，依序倒入 150 克芒果乳酪慕斯（f）、基礎海綿蛋糕果醬面朝上放入（g）、100 克芒果乳酪慕斯、基礎海綿蛋糕果醬面朝上放入、剩餘芒果乳酪慕斯，整平，放入冷凍 2 ～ 3 小時至冰硬（h）。

6　取出，用溫熱毛巾擦拭慕斯框，脫模。

7　製作裝飾用鮮奶油香緹，將動物性鮮奶油加入細砂糖打發至 7 分發（詳細作法可參考 P20）。

8　以鮮奶油香緹擠花與水果裝飾。

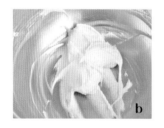

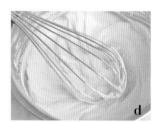

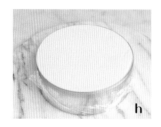

a

b

巧克力蔓越莓慕斯

材料

Granola 麥片（可自製或購買市售）

即食大燕麥片	100 克
杏仁片	60 克
葵花子	40 克
核桃	10 克
鹽	少許
蜂蜜	50 克
橄欖油	20 克
糖漬香橙片	50 克

Granola 麥片底座

Granola 麥片	100 克
無鹽奶油	10～15 克

巧克力乳酪慕斯

奶油乳酪	135 克
細砂糖	30 克
原味優格	55 克
蘭姆酒	5 克
吉利丁粉	3 克
飲用水	15 克
苦甜巧克力（60～70%）	45 克
發泡動物性鮮奶油	120 克

水果裝飾

蔓越莓	適量

作法

1 取 6 吋慕斯框 1 個，以保鮮膜包覆其中一面，備用。

2 製作 Granola 麥片：將糖漬香橙片以外的材料混合，平鋪於烤盤（a），放入烤箱，以 120℃烘烤 2 小時，中途適時翻動。糖漬香橙片放在另一烤盤同時烘烤，出爐待涼，切成碎丁與其他烘烤完成的材料混合。（b）

3 奶油隔水（或微波爐）加熱至融化，拌入製好的 100 克 Granola 麥片，放入準備好慕斯框，以湯匙背部壓平，放入冷凍冰硬。

4 製作巧克力乳酪慕斯

   ➡ 奶油乳酪置於室溫回軟；吉利丁粉與飲用水拌勻，還原成吉利丁粉凍，使用前隔水（或微波爐）加熱融化；將動物性鮮奶油打發至 6～7 分發，冷藏備用；苦甜巧克力隔水（或微波爐）加熱融化。

   ➡ 奶油乳酪加入細砂糖以橡皮刮刀拌軟，依序加入原味優格、蘭姆酒、融化的吉利丁粉凍與苦甜巧克力拌勻，降溫至 30～32℃。分次拌入打發動物性鮮奶油，拌勻。

5 將完成的巧克力乳酪慕斯倒入冰硬的作法 3，整平，冷凍 2～3 小時冰硬。

6 取出，用溫熱毛巾擦拭慕斯框，脫模，以蔓越莓果實裝飾即可。

Granola 巧克力香橙

材料

Granola 巧克力麥片底座

| Granola 麥片 ....100 克
（作法詳 P153）
| 可可粉 ....2 克
| 蜂蜜 ....15 克
| 無鹽奶油（融化）....................10 克

香橙乳酪卡士達

| 奶油乳酪 ....190 克
| 糖粉 ....35 克
| 卡士達醬 ....100 克（作法詳 P19）
| 原味優格 ....40 克
| 檸檬汁 ....5 克

| 香橙酒 ....5 克
| 橙皮 ....1 顆
| 動物性鮮奶油 ....60 克

裝飾

| 香橙 ....1 〜 2 顆
| 糖漬香橙片 ....數片

作法

1　取 6 吋慕斯框 1 個，以保鮮膜包覆其中一面，備用。

2　製作 Granola 巧克力麥片，將做好的 Granola 麥片混合可可粉和蜂蜜，以 120℃ 烘烤 10 〜 15 分鐘，奶油隔水（或微波爐）加熱融化倒入。

3　將 Granola 巧克力麥片放入準備好的慕斯框，以湯匙背部壓平，放入冷凍冰硬。

4　製作香橙乳酪卡士達

➡ 奶油乳酪置於室溫回軟；將動物性鮮奶油打發至 7 分發，冷藏備用。

➡ 奶油乳酪加入糖粉以橡皮刮刀拌軟，依序拌入已拌軟的卡士達醬、原味優格、檸檬汁、橙酒與橙皮。

➡ 分次加入打發動物性鮮奶油，拌勻。

5　將完成的香橙乳酪卡士達倒入已經冰硬的慕斯框，冷藏 3 小時以上至凝固。

6　取出，用溫熱毛巾擦拭慕斯框，脫模。

7　切片，裝飾香橙果肉與糖漬香橙片即可。

國家圖書館出版品預行編目（CIP）資料

名店美味自己做！職人級多層次夾心水果蛋糕 / 吳佩蓉著. -- 初版. --
新北市：和平國際文化，2018.04
　面；　公分
ISBN 978-986-371-121-6（平裝）
1. 點心食譜
427.16　　　　　　　　　　　　　　　　　106024535

名店美味自己做！職人級多層次夾心水果蛋糕

6 種蛋糕體 × 多種果醬夾餡 × 香緹鮮奶油 × 各式當季鮮果，
清爽不甜膩的好滋味

作　　　者　吳佩蓉（Grace）
攝　　　影　周禎和
插　　　畫　林儷軒

主　　　編　余素維
責任編輯　劉姍姍
校　　　對　黃子潔、劉姍姍
內文設計　林儷軒
封面設計　陳香郿

法律顧問　朱應翔律師
　　　　　滙利國際商務法律事務所
　　　　　台北市敦化南路二段 76 號 6 樓之 1
　　　　　電話：886-2-2700-7560
法律顧問　徐立信律師

出 版 者　和平國際文化有限公司
地　　　址　235 新北市中和區建一路 176 號 12 樓之 1
　　　　　電話：886-2-2226-3070　傳真：886-2-2226-0198

總 經 銷　昶景國際文化有限公司
地　　　址　236 新北市土城區民族街 11 號 3 樓
　　　　　電話：886-2-2269-6367　傳真：886-2-2269-0299
　　　　　E-mail：service@168books.com.tw
歡迎優秀出版社加入總經銷行列

初版一刷　2018 年 4 月
定　　　價　依封底定價為準

香港總經銷　和平圖書有限公司
地　　　址　香港柴灣嘉業街 12 號百樂門大廈 17 樓
　　　　　電話：852-2804-6687　傳真：852-2804-6409

168閱讀網
www.168books.com.tw

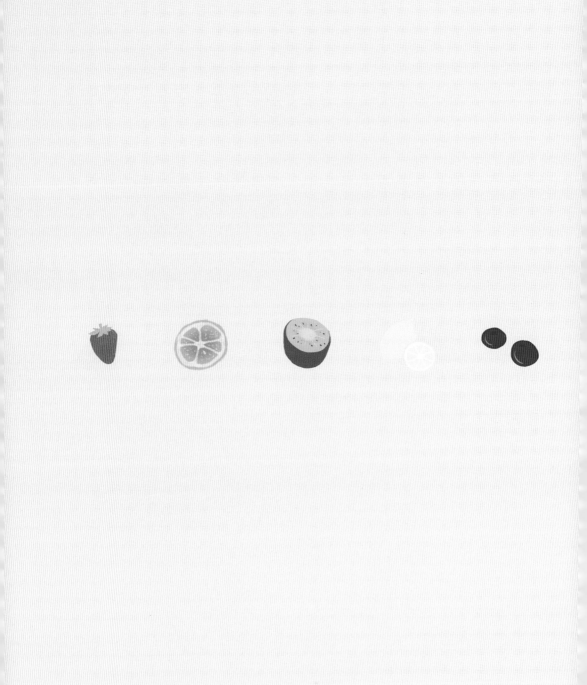

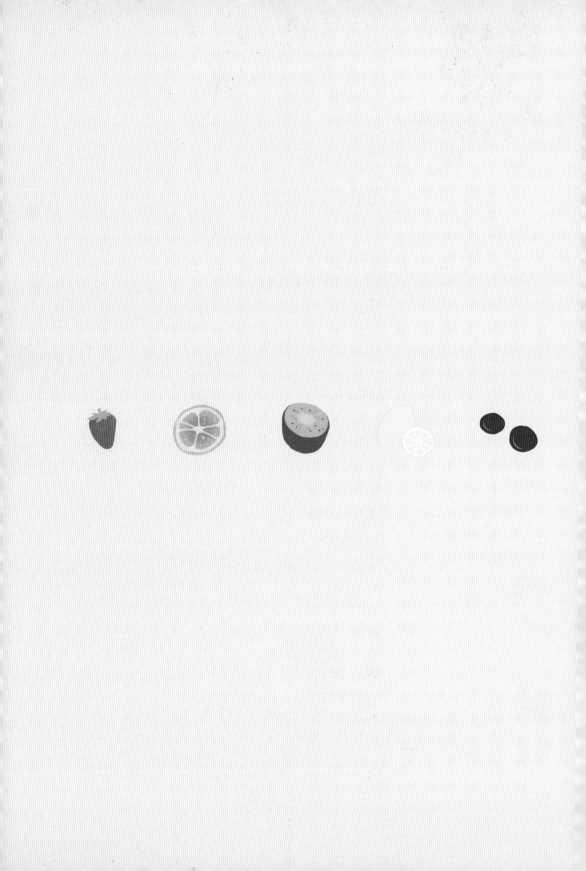